図でよくわかる
機械材料学

工学博士 渡辺 義見
博士（工学）三浦 博己
博士（工学）三浦 誠司　共著
博士（工学）渡邊 千尋

コロナ社

まえがき

　ちまたには諸先輩方の書かれた，たくさんの優れた機械材料学の教科書がある。それら一冊一冊には諸先輩方の知識と知恵とが詰まっており，いまさら新たに機械材料学を出版する意義が問われるかもしれない。それにもかかわらず本書を執筆しようとしたのは，機械を学ぶ学生にとって，直感的に感覚的に機械材料学がわかり，材料学の面白さがわかってもらえる本が必要だ，と考えたからである。

　大学あるいは高専の材料工学系学科に入学した学生にとって，材料工学の基礎を学ぶことは，専門課程の学問のドアを開いた実感を伴い，この上ない喜びを持ち得るであろう。状態図や転位論も，それがたとえ抽象的な目に見えないものであっても，これらは知の好奇心を十分に満足させてくれる。しかし，機械工学の修得を目指す学生にとっては，結晶構造から始まり，状態図においては濃度すら現れる機械材料学は，高校化学のイメージがつきまとい，苦手意識を持つことが多いようである。目に見えない転位を大学や高専で学んでも，将来どんな役に立つかがわからず，投げ出したくなってしまうのであろう。

　これらを払拭するためには，最大限に図を多くした教科書が必要だと考え，大学時代に金属工学科で学んだ二組みの「わたなべ」と「みうら」により執筆を行った。通常，このような教科書の場合，執筆担当を決め，それをまとめて一冊の本にすることが多いようである。しかし本書では，全章を全員が担当する，という形態を採った。電子メイルを駆使し，たがいに密に連絡を取りあい，各著者が全体に目を向けながら執筆した。当然であるが，電子メイルのやりとりだけでは不可能な意見調整も多々あるため，札幌，東京，金沢，名古屋から全員が集合し，膝をつきあわせたアナログ的な会議も何度となく行った。液晶プロジェクターで本文や図面を投影し，一人が本文を読み上げ，内容を全

員で検討すると，すでに何回も目を通しているはずであるが，間違いや，誤解などいろいろ出てくる。時間はかかるものの，異なる見解の調整や意見の集約が可能となり，より満足のいくものとなった。

　図面は名工大・渡辺が中心となって作成し，本文は全員で書き上げたものであり，著者らの知識と知恵とが詰まっているものと信じている。もちろん，浅学や誤解のため，間違いがあるかもしれない。ご指摘頂ければ光栄である。

　なお，本書は機械材料学と銘打ちながらも，金属材料が中心である。これは機械材料の大半が金属材料であるためである。金属材料を中心として書いたことにより，逆に教科書としての一貫性が出た。セラミックス（無機材料）とプラスチック（有機材料）の学習に関しては他書にその任を譲りたい。

　最後に，脱稿まで暖かく見守って頂いたコロナ社に感謝申し上げる。

2009年12月

著者一同（渡辺，三浦，三浦，渡邊）

目　　　次

1. 機械材料とその製造プロセス

1.1 機械材料とは……………………………………………………………… 1
1.2 加工熱処理による合金薄板の製造プロセス…………………………… 4
1.3 加工熱処理による合金管の製造プロセス……………………………… 6
1.4 鋳造による部品の製造プロセス………………………………………… 7
1.5 鍛造法による部品の製造プロセス……………………………………… 9
1.6 本書で機械材料を学ぶにあたって……………………………………… 10
演 習 問 題………………………………………………………………… 10

2. 結 晶 構 造

2.1 原子と原子間力…………………………………………………………… 11
2.2 物質の結晶構造の分類…………………………………………………… 12
2.3 純金属の結晶構造………………………………………………………… 14
2.4 原子の充填率……………………………………………………………… 17
2.5 立方晶のミラー指数……………………………………………………… 20
　2.5.1 点 の 表 し 方…………………………………………………… 20
　2.5.2 方向の表し方……………………………………………………… 21
　2.5.3 面 の 表 し 方…………………………………………………… 21
　2.5.4 立方晶におけるミラー指数の間の関係………………………… 23
2.6 六方晶における指数付け………………………………………………… 24
　2.6.1 面 の 表 し 方…………………………………………………… 24
　2.6.2 方向の表し方……………………………………………………… 25
2.7 回折現象と結晶構造解析………………………………………………… 26

2.7.1 ブラッグの法則とX線回折……………………………………27
  2.7.2 背面反射ラウエ法………………………………………………27
 演 習 問 題………………………………………………………………29

3. 格 子 欠 陥

3.1 0（零）次元的格子欠陥………………………………………………30
  3.1.1 原 子 空 孔………………………………………………………30
  3.1.2 格 子 間 原 子……………………………………………………31
  3.1.3 不 純 物 原 子……………………………………………………31
3.2 1次元的格子欠陥……………………………………………………32
3.3 2次元的格子欠陥……………………………………………………32
  3.3.1 結 晶 粒 界………………………………………………………33
  3.3.2 積 層 欠 陥………………………………………………………36
  3.3.3 表　　　　面……………………………………………………36
  3.3.4 界　　　　面……………………………………………………36
3.4 3次元的格子欠陥……………………………………………………36
3.5 合金の結晶構造………………………………………………………37
  3.5.1 固　 溶　 体……………………………………………………37
  3.5.2 金属間化合物……………………………………………………40
 演 習 問 題………………………………………………………………41

4. 拡　　　　散

4.1 拡散する原子…………………………………………………………42
4.2 体拡散（格子拡散）の素過程………………………………………43
  4.2.1 フィックの第1法則……………………………………………43
  4.2.2 フィックの第2法則……………………………………………44
  4.2.3 拡 散 の 機 構……………………………………………………46
4.3 応　 用　 例…………………………………………………………49
4.4 拡散の原子論的検討…………………………………………………52
4.5 相互拡散とカーケンドール効果……………………………………54

4.6 侵入型原子の拡散挙動 ……………………………………………… 55
演 習 問 題 …………………………………………………………… 55

5. 熱力学と相変化

5.1 系，相，状態変数の定義 ………………………………………… 57
5.2 熱力学の基本法則 ………………………………………………… 59
   5.2.1 熱力学の第1法則 ………………………………………… 59
   5.2.2 熱力学の第2法則 ………………………………………… 59
   5.2.3 熱力学の第3法則 ………………………………………… 61
5.3 平衡状態，自由エネルギー ……………………………………… 61
5.4 平衡状態図と相律 ………………………………………………… 63
   5.4.1 置換型固溶体の自由エネルギー ………………………… 63
   5.4.2 相　　　律 ………………………………………………… 64
5.5 金属の凝固と凝固後の組織 ……………………………………… 65
   5.5.1 純金属の凝固温度と核形成 ……………………………… 65
   5.5.2 金属および合金の凝固組織 ……………………………… 68
演 習 問 題 …………………………………………………………… 69

6. 平 衡 状 態 図

6.1 2元系合金の平衡状態図における基本的事項 ………………… 70
6.2 全 率 固 溶 型 ……………………………………………………… 72
6.3 共　　晶　　型 …………………………………………………… 76
   6.3.1 固体状態でまったく溶けあわない場合の共晶型 ……… 76
   6.3.2 固体状態で一部溶けあう場合の共晶型 ………………… 79
6.4 共　　析　　型 …………………………………………………… 82
6.5 包　　晶　　型 …………………………………………………… 83
6.6 包　　析　　型 …………………………………………………… 86
6.7 非平衡凝固過程 …………………………………………………… 86
演 習 問 題 …………………………………………………………… 88

7. 転位と材料強度

- 7.1 応力-ひずみ曲線 ……………………………………………………… 90
  - 7.1.1 公称応力-公称ひずみ曲線 ………………………………… 90
  - 7.1.2 真応力と真ひずみ …………………………………………… 93
- 7.2 すべり変形の結晶学 …………………………………………………… 95
- 7.3 単結晶金属におけるすべりの幾何学(シュミットの法則) …… 97
  - 7.3.1 シュミットの法則 …………………………………………… 97
  - 7.3.2 単結晶の応力-ひずみ曲線 ………………………………… 98
- 7.4 双晶変形 ………………………………………………………………… 99
- 7.5 金属の理想強度と転位 ………………………………………………… 100
- 7.6 転位における原子配列 ………………………………………………… 102
  - 7.6.1 刃状転位 ……………………………………………………… 103
  - 7.6.2 らせん転位 …………………………………………………… 104
  - 7.6.3 混合転位 ……………………………………………………… 105
  - 7.6.4 刃状転位,らせん転位および混合転位の差異 …………… 106
- 7.7 交差すべり ……………………………………………………………… 107
- 7.8 転位密度 ………………………………………………………………… 107
- 7.9 バーガース・ベクトル ………………………………………………… 108
  - 7.9.1 バーガース回路 ……………………………………………… 108
  - 7.9.2 バーガース・ベクトルの基本的性質 ……………………… 109
- 7.10 転位の周りの応力場 …………………………………………………… 110
- 7.11 転位に働く力 …………………………………………………………… 111
- 7.12 転位の自己エネルギー ………………………………………………… 111
- 7.13 すべり運動(パイエルス応力) ……………………………………… 113
- 7.14 部分転位とその性質 …………………………………………………… 113
- 7.15 ローマーの不動転位とローマー-コットレルの不動転位 ………… 116
- 7.16 非保存運動 ……………………………………………………………… 118
- 7.17 転位間にはたらく力 …………………………………………………… 119
- 7.18 転位の増殖 ……………………………………………………………… 120
- 7.19 転位の交切とジョグの形成 …………………………………………… 122

7.20　転位と溶質原子の相互作用………………………………………123
7.21　加工硬化と加工軟化………………………………………………124
　演　習　問　題…………………………………………………………125

8.　材料の強化方法

8.1　加工硬化と回復・再結晶…………………………………………128
　8.1.1　転位密度と加工硬化……………………………………………128
　8.1.2　結晶構造と加工硬化率…………………………………………129
　8.1.3　バウシンガ効果…………………………………………………130
　8.1.4　回復と再結晶……………………………………………………131
8.2　結晶粒の微細化……………………………………………………132
8.3　固　溶　強　化……………………………………………………135
　8.3.1　溶質原子の濃度と固溶強化との関係…………………………136
　8.3.2　低炭素鋼の降伏点現象…………………………………………137
8.4　析　出　強　化……………………………………………………138
　8.4.1　析　出　現　象…………………………………………………138
　8.4.2　オストワルド成長………………………………………………140
　8.4.3　析出物と転位との相互作用（転位が粒子を切る場合）……143
　8.4.4　析出物と転位との相互作用（転位が粒子を切らない場合）…145
8.5　複　合　強　化……………………………………………………146
　演　習　問　題…………………………………………………………147

9.　材料評価法

9.1　引張試験・圧縮試験………………………………………………150
9.2　硬　さ　試　験……………………………………………………151
9.3　疲　労　試　験……………………………………………………153
　9.3.1　疲　労　と　は…………………………………………………153
　9.3.2　疲　労　試　験…………………………………………………156
9.4　ク　リ　ー　プ……………………………………………………156
　9.4.1　高温環境と負荷…………………………………………………156

9.4.2 クリープ試験……………………………………………158
  9.4.3 クリープ速度の温度と応力依存性……………………159
  9.4.4 拡散クリープ……………………………………………161
  9.4.5 べき乗則クリープ………………………………………162
  9.4.6 変形機構領域図…………………………………………163
9.5 衝 撃 試 験…………………………………………………164
9.6 摩 耗 試 験…………………………………………………165
  9.6.1 摩 耗 機 構………………………………………………165
  9.6.2 摩 耗 試 験………………………………………………166
演 習 問 題……………………………………………………………168

10. 材 料 各 論

10.1 鉄 鋼 材 料………………………………………………169
  10.1.1 鉄-炭素状態図…………………………………………169
  10.1.2 鋼の冷却（徐冷）に伴う組織変化……………………171
  10.1.3 鋼の急冷に伴う組織変化（マルテンサイト変態）…173
  10.1.4 焼戻しマルテンサイト…………………………………176
  10.1.5 鋼の恒温変態線図，連続冷却変態線図とベイナイト組織……176
  10.1.6 鋼 の 分 類………………………………………………179
  10.1.7 ステンレス鋼……………………………………………182
  10.1.8 耐 熱 鋼…………………………………………………183
  10.1.9 鋼の表面処理……………………………………………184
  10.1.10 鋼 の 磁 性……………………………………………186
10.2 アルミニウムおよびアルミニウム合金…………………187
  10.2.1 アルミニウムの特徴と製造方法………………………187
  10.2.2 アルミニウム合金………………………………………188
  10.2.3 アルミニウム合金の時効析出…………………………188
  10.2.4 展伸用アルミニウム合金………………………………190
  10.2.5 鋳造用アルミニウム合金………………………………190
  10.2.6 アルミニウム合金の調質………………………………191
10.3 銅および銅合金……………………………………………192
  10.3.1 工 業 的 純 銅…………………………………………193

- 10.3.2 黄　　　　銅 …………………………………… 194
- 10.3.3 青　　　　銅 …………………………………… 195
- 10.3.4 Cu-Ni 合　　金 ………………………………… 196
- 10.3.5 析出硬化型銅合金 …………………………… 196

10.4 チタンおよびチタン合金 …………………………… 198
- 10.4.1 α 型チタン合金 …………………………… 198
- 10.4.2 β 型チタン合金 …………………………… 199
- 10.4.3 $\alpha+\beta$ 型チタン合金 …………………… 199
- 10.4.4 形状記憶合金 …………………………………… 200
- 10.4.5 生 体 材 料 …………………………………… 202

10.5 マグネシウムおよびマグネシウム合金 …………… 202
- 10.5.1 マグネシウム合金 ……………………………… 203
- 10.5.2 鋳造用マグネシウム合金 ……………………… 204
- 10.5.3 展伸用マグネシウム合金 ……………………… 205

10.6 アモルファスおよび準結晶 ………………………… 205
- 10.6.1 アモルファス状態 ……………………………… 205
- 10.6.2 アモルファス金属の製造方法 ………………… 206
- 10.6.3 準　　結　　晶 ………………………………… 207

10.7 金属間化合物 ………………………………………… 208
- 10.7.1 金属間化合物の化学量論的組成 ……………… 209
- 10.7.2 金属間化合物における転位 …………………… 210
- 10.7.3 機能材料としての金属間化合物 ……………… 211

10.8 複 合 材 料 ………………………………………… 212

演 習 問 題 ……………………………………………… 214

参 考 文 献 ……………………………………… 215
索　　　引 ……………………………………… 216

物 理 定 数 表

光速（真空中）	c	2.99792458×10^8 m/s
電子の電荷	e	$1.6021773 \times 10^{-19}$ C
プランク定数	h	6.626075×10^{-34} J·s
アボガドロ定数	N_A	6.022137×10^{23} mol^{-1}
気体定数	R	8.31451 J/(mol·K)
モル体積（理想気体）	V_0	0.0224141 m^3/mol
ボルツマン定数	k	1.38066×10^{-23} J/K
重力の加速度（標準）	g	9.80665 m/s^2

（単位：SI）

1 機械材料とその製造プロセス

　材料の知識があって初めて,新しい機能・特性を有する機械部品の設計や製造,さらにはその利用が可能となる。機械材料学は,機械工学の最も重要な基礎の一つであるといえる。本章では機械材料学の重要性をまず学ぶ。そして,機械材料がどのように製造されているか,加工熱処理による合金薄板の製造プロセス,加工熱処理による合金管の製造プロセス,鋳造による部品の製造プロセスおよび鍛造法による部品製造プロセスの例を基に勉強する。

1.1 機械材料とは

　地球上に存在し得るさまざまな元素を用い,その組合せと加工・熱処理によって機械材料が作られる。図1.1に示す周期表からわかるように,地球上に存在する元素はじつに多い。その組合せは原理的には無限であるが,しかし多くの制約が存在する。例えば,地球全体を構成する元素は,図1.2に示すようにFe, O, Mg, Si, Ni, S, Ca, Alがそれぞれ質量比で35%, 28%, 17%, 13%, 2.7%, 2.7%, 0.6%, 0.4%である。また,地殻を構成する元素だけで比較すると,OとSiが圧倒的に多く,それぞれ50%と26%となる。機械材料として利用されるためには,存在比率と密接に関連する元素供給の難易のほか,加工性,強度,価格などの要素を満たすことが求められる。したがって,必然的に多用される元素が決まってくる。

　機械材料を学ぶにあたり,一番身近と思われる自動車について,どのような材料が使われているかをみてみよう。自動車に用いられてきた主要な材料である鋼板,構造用鋼,ステンレス鋼,鋳鉄などの鉄系材料の利用比率は,石油資

1. 機械材料とその製造プロセス

族	1	2	3	4	5	6	7	8	9	10	11	12	13	14	15	16	17	18
	アルカリ金属	アルカリ土類金属																希ガス
1周期	1 H 水素 1.008																	2 He ヘリウム 4.003
2周期	3 Li リチウム 6.941	4 Be ベリリウム 9.012											5 B ホウ素 10.81	6 C 炭素 12.011	7 N 窒素 14.007	8 O 酸素 15.999	9 F フッ素 18.998	10 Ne ネオン 20.179
3周期	11 Na ナトリウム 22.99	12 Mg マグネシウム 24.305											13 Al アルミニウム 26.982	14 Si ケイ素 28.086	15 P リン 30.974	16 S 硫黄 32.07	17 Cl 塩素 35.453	18 Ar アルゴン 39.948
4周期	19 K カリウム 39.098	20 Ca カルシウム 40.08	21 Sc スカンジウム 44.956	22 Ti チタン 47.88	23 V バナジウム 50.941	24 Cr クロム 51.996	25 Mn マンガン 54.938	26 Fe 鉄 55.847	27 Co コバルト 58.933	28 Ni ニッケル 58.69	29 Cu 銅 63.546	30 Zn 亜鉛 65.41	31 Ga ガリウム 69.72	32 Ge ゲルマニウム 72.59	33 As ヒ素 74.922	34 Se セレン 78.96	35 Br 臭素 79.904	36 Kr クリプトン 83.8
5周期	37 Rb ルビジウム 85.467	38 Sr ストロンチウム 87.62	39 Y イットリウム 88.906	40 Zr ジルコニウム 91.22	41 Nb ニオブ 92.906	42 Mo モリブデン 95.94	43 Tc テクネチウム (99)	44 Ru ルテニウム 101.07	45 Rh ロジウム 102.906	46 Pd パラジウム 106.42	47 Ag 銀 107.868	48 Cd カドミウム 112.41	49 In インジウム 114.82	50 Sn スズ 118.69	51 Sb アンチモン 121.75	52 Te テルル 127.6	53 I ヨウ素 126.905	54 Xe キセノン 131.29
6周期	55 Cs セシウム 132.905	56 Ba バリウム 137.33	57〜71 ランタノイド	72 Hf ハフニウム 178.49	73 Ta タンタル 180.947	74 W タングステン 183.85	75 Re レニウム 186.207	76 Os オスミウム 190.2	77 Ir イリジウム 192.22	78 Pt 白金 195.08	79 Au 金 196.967	80 Hg 水銀 200.59	81 Tl タリウム 204.383	82 Pb 鉛 207.2	83 Bi ビスマス 208.98	84 Po ポロニウム (210)	85 At アスタチン (210)	86 Rn ラドン (222)
7周期	87 Fr フランシウム (223)	88 Ra ラジウム 226.025	89〜103 アクチノイド	104 Rf ラザホージウム (261)	105 Db ドブニウム (262)	106 Sg シーボーギウム (263)	107 Bh ボーリウム (264)	108 Hs ハッシウム (269)	109 Mt マイトネリウム (268)	110 Ds ダームスタチウム (281)	111 Rg レントゲニウム (280)	112 Cn コペルニシウム (285)	113 Nh ニホニウム (278)	114 Fl フレロビウム (289)	115 Mc モスコビウム (289)	116 Lv リバモリウム (293)	117 Ts テネシン (293)	118 Og オガネソン (294)

図 1.1 周期表

1.1 機械材料とは

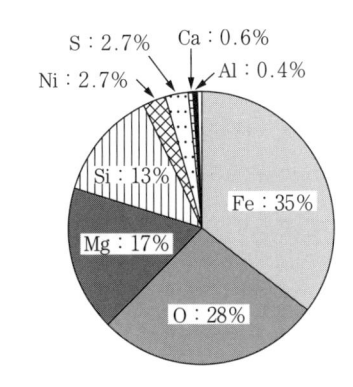

図 1.2 地球全体を構成する元素の比率（質量比）

S：2.7%　Ca：0.6%
Ni：2.7%　Al：0.4%
Si：13%
Mg：17%
O：28%
Fe：35%

源の枯渇や環境保護の視点より，従来の 80％から，現在では 70％程度へと若干低下してきた。これは，軽量化が自動車の燃費向上に最も効果的な方法の一つだからである。しかし依然として鉄鋼，いわゆる鉄が主となる材料である。

一方，アルミニウム，プラスチック（有機材料）の利用比率は増大している。現在ではアルミニウムを含めた非鉄金属は約 10％，プラスチックも 10％程度の割合である。自動車の軽量化を材料の面から大きくとらえると，鉄からアルミニウムへ，アルミニウムからマグネシウムやプラスチックの使用へという流れである。

鉄，アルミニウム（金属材料），プラスチック（有機材料）は自動車の三大材料といえるが，タイヤのゴム（有機材料），フロントガラスの安全ガラス（無機材料）をはじめ，自動車センサーに使われているセラミックス（無機材料），触媒の白金など，ほかにも重要な材料は多い。セラミックスは鉄，プラスチックにつぐ第 3 の素材として，1980 年代におおいに注目を集めた。1985 年にはターボチャージャーに窒化ケイ素セラミックス製ロータが初めて搭載されている。

現在，地球温暖化対策としての二酸化炭素排出量削減のため，さらなる自動車軽量化が進められており，これに伴い，アルミニウム合金やマグネシウム合金の使用量がますます増加している。さらにハイブリッド車や電気自動車，燃料電池自動車の出現が，電気材料として銅の使用量を急増させている。

金属，プラスチックおよびセラミックスは今日の三大機械材料といわれてい

る。また，材料は大きく分けて，構造材料と機能材料の二つに分けることができる。構造材料とは，材料の強度や延性といった機械的性質が要求され，構造物に使用される材料を指す。一方，機能材料とは，材料の電気的特性，磁気的特性や熱的特性といった物理的性質が要求される材料を指す。

材料の性質は材料の成分と材料組織によって決まり，材料組織は材料の成分と製造プロセスによって決まる。すなわち

$$材料の性質 = (材料の成分) \times (材料の組織) \tag{1.1}$$

$$材料の組織 = (材料の成分) \times (製造プロセス) \tag{1.2}$$

と表すことができる。本書では，材料の組織と機械的性質に重心をおき，機械材料の基礎を学んでいくが，そのためには，製造プロセスの知識も必要である。以下の四つの節では，製造プロセスに関して概説するが，本書をすべて読み終えた後に，次節以降をもう一度読み返してほしい。

1.2 加工熱処理による合金薄板の製造プロセス

さまざまな機械の構造部材として用いられる材料の一つに薄板がある。自動車やコンピューターの筐体，リードフレーム等々，用途や材質は多岐にわたる。一般的には，自動車では強度，価格，加工性のバランスから鋼が用いられることが多く，またノート型PCなどの筐体では，軽さが重要なファクタの一つとなるためアルミニウムが多く利用され，より高価だがさらに軽量なマグネシウム合金も使用されている。また，リードフレームなどの電子部品では電気伝導度が重要であるため，高価ではあるものの銅が使われる。このような薄板材がどのようにして製造されるかをみてみよう。

図 1.3 は，銅薄板製造のための加工熱処理プロセスを単純化して示した例である。まず初めに，溶解した銅合金を鋳型に鋳込み，鋳塊を作る。鉄鋼生産のような大規模・大量生産では，鋳型によって鋳造を行わず，連続鋳造後，そのまま熱間圧延する場合が多い。酸化を防ぐ場合には，真空中や不活性ガス雰囲気中で鋳造を行う。この鋳造で得られた組織は5章で示すように不均一で

(a) 鋳造　　　(b) 熱間圧延　　　(c) 冷間圧延

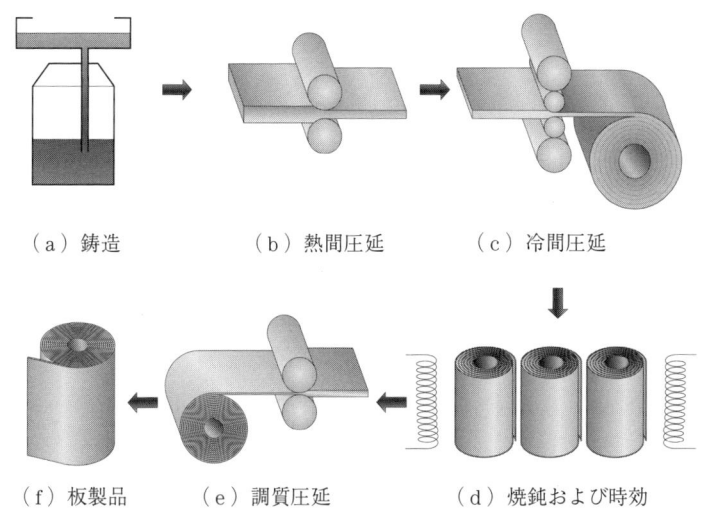

(f) 板製品　(e) 調質圧延　　　(d) 焼鈍および時効

図 1.3 銅薄板製造のための加工熱処理プロセスの一例

ある。そのため，そのまま室温で圧延（冷間圧延）すると割れてしまうため，$0.5\,T_M$（ここで，T_M は絶対温度で表した融点，$0.5\,T_M$ は融点の半分の温度を表す）以上の高温域で加工（熱間加工）し，組織を均一化，微細化する。高温での加工性の向上と，組織の微細化は高温加工中に起こる再結晶，すなわち動的再結晶を利用する（7章，8章）。

組織の微細化によって加工性の向上した厚板は，冷間圧延され，さらに薄くされる。しかし，あまりに冷間加工度が大きいと，端割れなどが起こりやすくなり，製品不良が出やすく歩留まりが下がる。そのため，中間焼鈍を行い，静的再結晶により組織を回復させるとともに，さらに結晶粒を微細化する（8章）。このプロセスにおいて，時効硬化が可能な合金では，温度と時間を時効条件にあわせ，焼鈍と時効を兼ねて行う場合が多い（8章）。また，導電材として用いられる銅やアルミニウム合金の場合は，この焼鈍により電気伝導度が高くなるだけではなく，強度と加工性も向上する（10章）。

最終的に，強度・表面の改質のため調質圧延を行い，製品として出荷される。出荷された板製品は，部品工場などで二次加工に供される。しかし，用途

によってさまざまな性能が要求されるため，図1.3に示したプロセスは，要求された特性・コスト，さらには設備にあわせて，多種多様に変更される。例えば，最終仕上げ圧延工程で，強度が特に重要とされる場合には圧延率をやや大きくし加工硬化させる（8章）。反対に，高い加工性や高電気伝導度が材質として求められている場合には，圧延率を5％程度まで下げる。

当然ではあるが，高品質を保証するため，探傷検査や材質検査など，各種検査が工程ごとに行われる（9章）。欠陥は，自動識別装置により検出され，各薄板上の座標マップとして電子データ化される。そして，最終的に欠陥を含む部位が除去される。

1.3 加工熱処理による合金管の製造プロセス

ここまで述べた薄板のほか線材，管材，棒材も主要な構造物として機械材料に多用される。この中では，線材の製造量が約6割で圧倒的に多く，つぎに管材が約3割である。これらの製造方法はよく似ているので，最も複雑な管材の製造方法を例としてとりあげ，**図1.4**に押出し加工による管材の製造プロセ

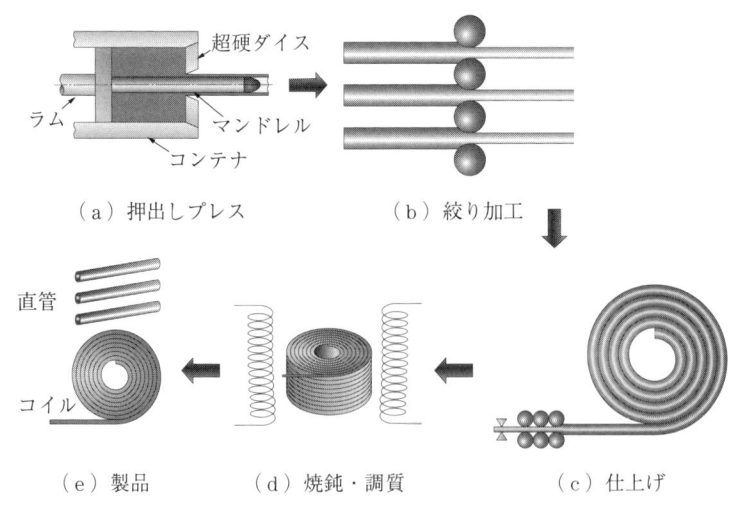

図1.4　押出し加工による管材の製造プロセス

スの模式図を示す。

　まず，合金の鋳塊をコンテナと呼ばれる筒型容器に入れる。この容器の先端には，押出し材の形状を決める超硬ダイス，内部には中空構造をもたらすマンドレルが配置されている。マンドレルは材質や管形状などにより異なり，押出しプレス機と分離されていたり，あるいは先端が砲弾型であるなど，さまざまである。一般的に，加工性の向上と加工抵抗の低減のため，鋳塊は高温にされている場合が多い。これを後ろから押出すと，途中，高温，高ひずみによる動的再結晶が起こり，組織が均一化，微細化される。このようにして継ぎ目のない管（シームレスパイプ）が製造される。この製法を押出し加工と呼ぶ。また，材料そのものを引っ張り出すことによって製造する場合，これを引抜き加工と呼ぶ。後者は，細い線材などの製造で利用されることが多い。また，マンドレルを使用しない場合は，棒材となる。

　熱間押出加工の後，細く長くするため冷間で絞り加工を行い，さらに表面の仕上げ加工を行う。つぎに，冷間で絞り加工された管材は，回復・静的再結晶による結晶粒微細化（8章）と軟化を目的としてやや低い温度で焼鈍・調質され，製品となる。特に強度が必要とされる場合は，焼鈍を行わず，加工硬化されたままの状態で製品となる。加工性がよく，また変形抵抗の低いアルミニウム合金などでは，鋳塊を熱間加工により均一な微細組織に処理した後，冷間で押出し加工し，そのまま製品となる場合もあり，その手法は多岐にわたる。

1.4　鋳造による部品の製造プロセス

　複雑な形状を有する機械部品は，鋳造法により製造されることが多い。鋳造法にはたくさんの種類があるが，代表例として砂型鋳造法，精密鋳造法，金型鋳造法があげられる。精密鋳造法は，コストが高いため，高付加価値で複雑な形状を有する部品に主として適用される。

　図1.5に中空部分を有する部品の製造方法の一例として砂型鋳造法を示す。まず定盤の上に下枠をのせ，あわせ面を下にして半割の模型の一方を置き，鋳

8 　1. 機械材料とその製造プロセス

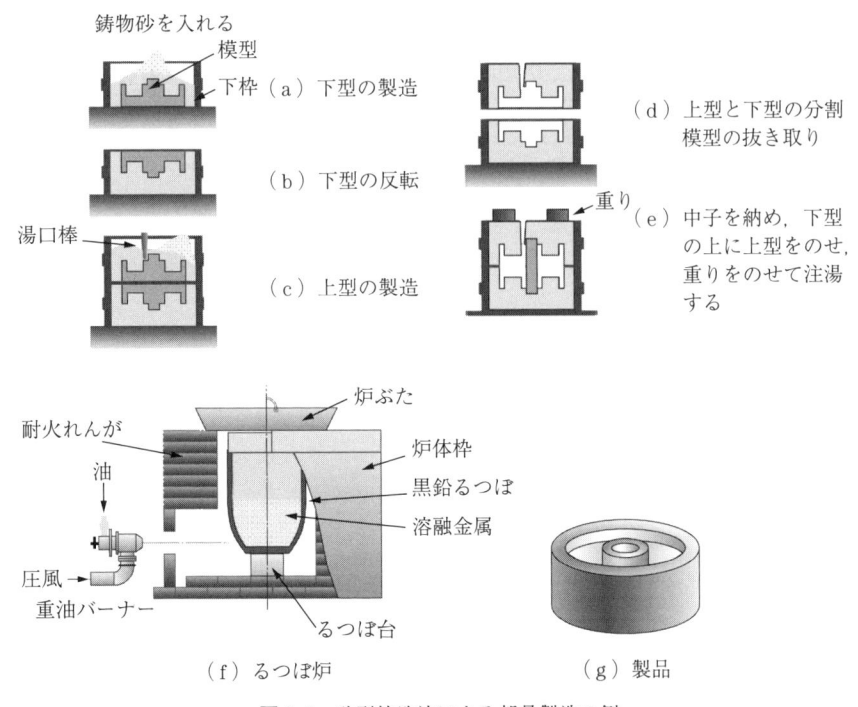

図1.5 砂型鋳造法による部品製造の例

物砂を込めていく（図（a））。砂込めが終われば，下型を反転する（図（b））。つぎに，下型の上に上型を製造する。このとき，注湯のための湯口棒を立てる（図（c））。その後，上型，下型を分割し，中の模型を抜き取る（図（d））。中空部分を製造するための中子を納め，下型の上に上型をのせ，重りをのせて注湯する（図（e））。このとき，規模によっても異なるが，図（f）に示したるつぼ炉で合金インゴットを溶解する。できあがった製品は図（g）に示すように中空部分を有する。

　現在の市販自動車・二輪車のピストンの多くはAl-Si系の共晶合金（6章，10章）の金型鋳造法で作られている。これは，鋳造材の欠陥の有無に関係する湯流れ性，強度，密度，価格などのバランスが優れているためである。鋳型に流し込まれた溶融合金は，その重さによって気泡などの欠陥を自然消滅させる。Al-Si系共晶合金の場合には，凝固時に液体から一気に固体の共晶組織が

生成するため，凝固中の欠陥もできにくい。この鋳造組織は，AlとSiが微細に入り交じった組織になる。Al-Si合金中のSi粒子はAlに比べて硬いため強度を上げるだけでなく，耐焼付き性を向上させるなどの役割も有する。鋳型から取り出した後，バリ取りを行い，時効処理（8章）を行う。最後に，穴開け加工などの機械加工により，製品となる。

　高性能エンジン用ピストンでは，さらに上端部（ヘッド）の吸排気付近，ヘッドと下部（スカート）付近の温度の違いによる熱膨張の差を考慮し，それらの形状を変えるための精密機械加工が施される。このような場合，さらに強度を増すために，ピストン製造に鋳造法は用いず，次節に示す鍛造法を用いることもある。

1.5　鍛造法による部品の製造プロセス

　鋳造法では，結晶粒が大きく組織も不均一で，強度が低くなりやすい。そのため，強度や信頼性を必要とする部品は，鍛造法によって製造される。加工性が非常によい素材では，冷間鍛造することにより，強度を上げながらコスト低下が図られる。

　図1.6は型鍛造によるクランクシャフトの製造方法を模式的に示したものである。高温に加熱した鋼を型に入れ，一気に鍛造し，成形する。高温鍛造は，加工性を高めるとともに，加工時の変形抵抗が低減されるため（7章），高強度鋼の成形をも可能とする。この場合，鍛造速度が非常に速いため，再結

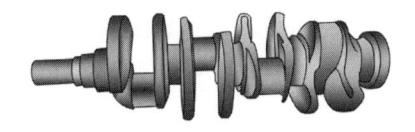

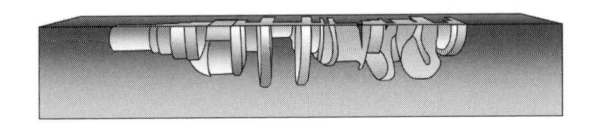

図1.6　型鍛造によるクランクシャフトの製造方法の模式図

晶は起こらず加工組織がそのまま残り，強度が高い材質となる（10章）。

1.6　本書で機械材料を学ぶにあたって

　1.2節から1.5節まで機械材料・部品の生産プロセスの例を示してきたが，製造プロセスの条件や方法は，材料，要求される特性，価格など，機械部品や製品によって変化する。さらには，生産設備によってもそのプロセスや製造条件の選択に制約が生じる。さまざまな材料や機械部品の製造・生産には材料の性質や特性を知ることがきわめて重要であることが理解できたであろう。

　材料の知識があって初めて，新しい機能・特性を有する機械部品の設計や製造，さらには利用が可能となる。機械材料学は，機械工学の最も重要な基礎の一つであるといえる。

　本書では金属材料を中心とした構造材料に注目し，その基礎的知識の習得を目指す。このため，組織形成の地図でもある平衡状態図，および力学物性をおもに支配する転位論に重心をおき，材料組織と機械的性質との関係を系統立てて学んでいく。

◇　演　習　問　題　◇

1.1　機械材料として必要な性質はなにか。
1.2　材料の性質と組織はどのように決まるか。
1.3　金属材料，セラミックス材料および有機材料の特徴を列記せよ。
1.4　機械材料の製造プロセスを四つ示し，おのおのの特徴を比較せよ。
1.5　製造プロセスの条件や方法はなにによって決まるか。

2 結晶構造

高校の授業で結晶構造について学んだはずである。では，結晶構造の違いによって，機械材料のさまざまな性質はどのような影響を受けているであろうか。本章では金属・合金の代表的な結晶構造である，体心立方格子，面心立方格子および六方最密格子の特徴を学んでいく。また，結晶格子における点，方向および面の表示法を勉強する。

2.1 原子と原子間力

陽子（proton）と**中性子**（neutron）とからなる**原子核**（nucleus）と，**電子**（electron）によって，原子は構成されている。**図2.1**（a）に原子の概念図を示す。量子力学的にみると電子の位置は確定的でなく，電子密度あるいは存在確率で記述されるため，原子モデルは図（b）のほうがより正確といえるが，本書では原子を特定の半径を有する剛体球として取り扱い，純金属や合金の結晶構造をピンポン球が積み重なったような構造として仮定する。

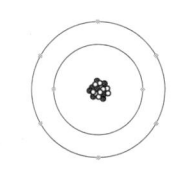

・電子　○陽子　●中性子

（a）原子の概念図　　（b）量子力学的にみた原子

図2.1　原子モデル

結晶は原子あるいはイオンが3次元的に規則的に配列したものである。結晶における原子の結合方式は，正負イオンの**静電的引力**（Coulomb force）によって化学的に結合する**イオン結合**（ionic bond）（**図2.2**（a）），図（b）に示す

12　2. 結晶構造

(a) イオン結合　　(b) 共有結合

(c) 金属結合　　(d) ファン・デル・ワールス結合

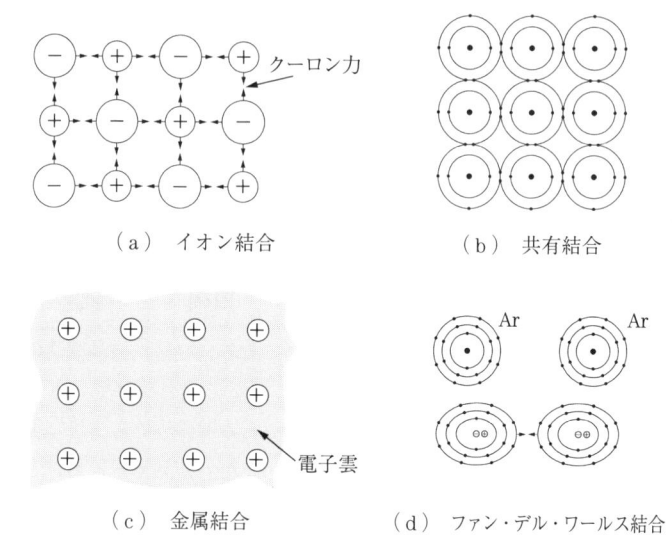

図2.2　原子の結合方式

ような隣接する原子間でたがいに価電子を共有することにより生じる**共有結合**（covalent bond），結晶中を自由に移動する**自由電子**（free electron）すなわち電子雲と原子核の正イオンとの引き合いによって生じる**金属結合**（metallic bond）（図(c)），および，ゆらぎによる分子や原子内の双極性から生じる**ファン・デル・ワールス結合**（van der Waals bond）（図(d)）などがある。

2.2　物質の結晶構造の分類

原子，イオンあるいは分子が一定の規則にしたがって格子状に規則正しく配列している固体を**結晶**（crystal）と呼び，この繰返し構造の単位となる原子団を幾何学的な点で表したものを**格子点**（lattice point）と呼ぶ。**単位格子**（unit lattice）は**単位胞**（unit cell）とも呼ばれ，格子点で作られた細胞を指す。

単位格子の辺の長さを a, b, c で表し，各座標軸の間の角を α, β, γ で表したとき，この6個のパラメータをまとめて**格子定数**（lattice parameter）と呼び，結晶の最も対称性のよい方向に選ばれた座標軸を結晶軸と呼ぶ。単位格

子に3次元的平行移動操作を行うことにより**空間格子**（space lattice）が記述できるが，このような操作を格子並進と呼ぶ．また，格子並進以外にも，回転や反転操作によって格子の繰返しを生み出すことができる．このような操作を総称して**対称操作**（symmetry operation）と呼ぶ．

物質の結晶は，**表2.1**に示すようにまず結晶軸の性質により7種類の**結晶**

表2.1　結晶系とブラベー格子

結晶系	単純 simple	体心 body-centered	底心 base-centered	面心 face-centered
立方 cubic $a=b=c$ $\alpha=\beta=\gamma=90°$	単純立方格子 simple cubic	体心立方格子 body-centered cubic		面心立方格子 face-centered cubic
正方 tetragonal $a=b\neq c$ $\alpha=\beta=\gamma=90°$	単純正方格子 simple tetragonal	体心正方格子 body-centered tetragonal		
三方 trigonal 菱面体 rhombohedral $a=b=c$ $\alpha=\beta=\gamma\neq 90°$	三方 or 菱面体格子 trigonal or rhombohedral			
六方 hexagonal $a=b\neq c$ $\alpha=\beta=90°$ $\gamma=120°$	六方格子 hexagonal			
斜方 orthorhombic $a\neq b\neq c$ $\alpha=\beta=\gamma=90°$	単純斜方格子 simple orthorhombic	体心斜方格子 body-centered orthorhombic	底心斜方格子 base-centered orthorhombic	面心斜方格子 face-centered orthorhombic
単斜 monoclinic $a\neq b\neq c$ $\alpha=\gamma=90°$ $\beta\neq 90°$	単純単斜格子 simple monoclinic		底心単斜格子 base-centered monoclinic	
三斜 triclinic $a\neq b\neq c$ $\alpha\neq\beta\neq\gamma\neq 90°$	単純三斜格子 simple triclinic			

系（crystal system）に分類できる．結晶系には**立方**（cubic），**正方**（tetragonal），**三方**（trigonal）（**菱面体**（rhombohedral）ともいう），**六方**（hexagonal），**斜方**（orthorhombic），**単斜**（monoclinic）および**三斜**（triclinic）がある．またこれをさらに，**単純**（simple），**体心**（body-centered）（平行六面体の中心位置），**底心**（base-centered）（一面心，単面心＝平行六面体の上下の面の中心位置）および**面心**（face-centered）（平行六面体の各面の中心位置）といった格子点の配置（結晶の対称性）を考慮して分けると，表2.1に示す14種類の格子が得られる．これが**ブラベー格子**（Bravais lattice）である．ここで斜方格子は $\alpha=\beta=\gamma=90°$ であり，この名前は間違いやすいので注意してほしい．

ある図形を軸の周りにある角度だけ回転させたとき，もとの状態に完全に重なる性質を**回転対称性**（rotation symmetry）という．$360°/n$（nは自然数）の回転角に対して重なるとき，その図形をn回回転対称であるという．例えば正三角形は3回回転対称であり，正方形は4回回転対称である．すべてのブラベー格子について回転対称性を調べてみると，2，3，4，6の4種類しかないことがわかる．すなわち5回回転対称性をもつ結晶は存在しない（10.6.3項参照）．

2.3 純金属の結晶構造

ダイヤモンドや水晶や雪が結晶であるように，われわれが手にしている金属材料のほとんどは結晶である．多くの金属は比較的単純な結晶構造をもつため，前節で述べたような純粋な結晶学的な立場を離れて，実際の原子位置を格子点とみなして単位格子を考えるほうが都合がよい．物体が，ただ一つの結晶からなる場合を**単結晶**（single crystal），複数の結晶からなる場合を**多結晶**（polycrystal）と呼ぶ．純金属の結晶構造のほとんどは図2.3に示す**体心立方格子**（body centered cubic lattice，bcc），**面心立方格子**（face centered cubic lattice，fcc）および**六方最密格子**（hexagonal closed packed lattice，hcp）のいずれかである．

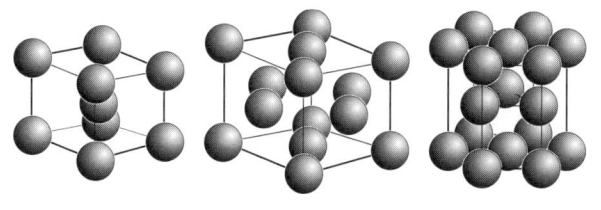

（a）bcc 構造　　（b）fcc 構造　　（c）hcp 構造

図 2.3 金属の代表的な結晶構造

bcc, fcc および hcp の単位格子はかなり異なるようにみえる。しかし，じつは三つの構造はたがいに非常に似た原子配列をもち，ある条件でいずれかの構造から他の構造へと変化することがある。このことを**変態**（transformation, phase transition）と呼ぶ。

図 2.3（b）を単純な剛体球の積層として表現したのが**図 2.4**である。図 2.4（a）の fcc 構造の一番手前の原子を取り除くと図（b）となる。この図からわかるように，fcc 構造は最密面の積層から成り立っている。また，hcp 構造を縦に分解すると**図 2.5**となり，hcp 構造も最密面の積層構造であることがわかる。

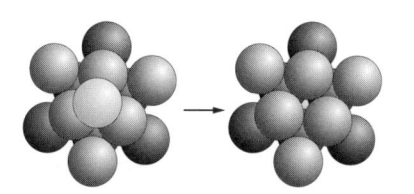

（a）fcc 構造　（b）一番手前の原子を
　　　　　　　　　　取り除いた fcc 構造

図 2.4 fcc 構造の原子積層　　**図 2.5** hcp 構造の原子積層

この二つの結晶構造の違いを**図 2.6**に示す。fcc 構造および hcp 構造を構成するためには，両者とも最密面 A 層の上に最密面 B 層を積層させる。このとき，上の層の原子は下の層の隙間である谷間に位置するように配列する。この隙間は△と▽の形をしているが，2 層のみを積層させる場合，この二つの隙間には差がない。60°回転させると△と▽が同じになるからである。しかし，3

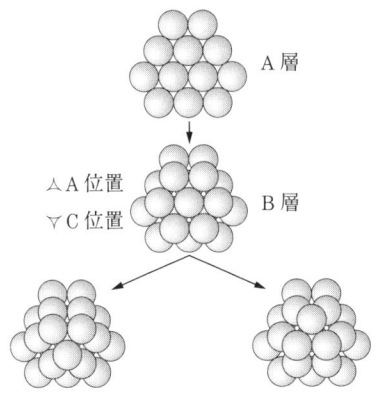

16   2. 結 晶 構 造

図 2.6 最密面の積層と fcc 構造および hcp 構造の関係

層目を積層するときに差異が生じる。すなわち図の場合，B 層における△および▽の隙間は，それぞれ A 層の原子位置および A 層での隙間になっている。したがって，3 層目として△の隙間に入るように最密面を積層させると B 層の上にも A 層が形成され，これを繰り返すと ABABABA という積層になる。これが hcp 構造である。これに対し，B 層における▽の隙間に入るように 3 層目の最密面を積層させると，その原子位置は A 層でも B 層でもない原子位置からなる層（C 層）となり，これを繰り返すと ABCABCA という積層となる。こ

コラム

縦 8 cm，横 6 cm の箱に直径 1 cm の球を 1 層並べるとしたら，この箱に最大何個まで球は入るだろうか。単純に考えると 8×6 = 48 個となる。しかし，右図のように実際に並べると 50 個も入る。この並びが 2 次元的な最密充填である。ワイナリーに行くと，これと同様なビンの積層がみられる。

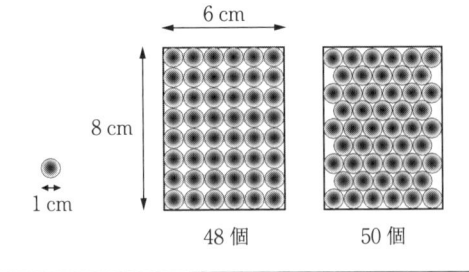

れが fcc 構造である。

つぎに fcc 構造と bcc 構造の関係を**図 2.7** に示す。図（a）に fcc 格子を横に二つ並べた図を示す。この中央部分をみると，図（b）のように縦に伸びた bcc 構造（正しくは**体心正方格子**（body-centered tetragonal lattice, bct））がみえてくる。この格子の縦軸と他の軸の比は $1:\sqrt{2}/2$ であるので，縦軸を縮め，他の軸を伸ばせば bcc 構造になる。

（a）　fcc 構造　　　（b）　fcc 構造の一部

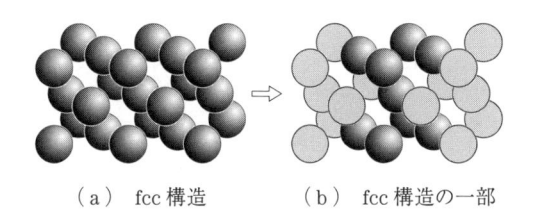

図 2.7　fcc 構造と bcc 構造の関係

2.4　原子の充填率

前節で fcc 構造と hcp 構造がともに最密構造であることを述べた。ここでは，原子が空間中に占める割合，すなわち**原子の充填率**（atomic packing factor）がどれくらいであるかを計算してみよう。

まず，fcc 構造に関して計算してみる（**図 2.8**（a），（b））。原子の半径を r とすると，原子 1 個の体積は $(4\pi r^3)/3$ である。八隅の 8 個の原子はそれぞれが隣りあう七つの格子にも所属し，対象となる格子には実際には 1/8 しか含まれていない。また，面心位置の 6 個の原子も同様にそれぞれが対象となる格子には 1/2 しか含まれていない。したがって，単位格子中の原子の数は計 4 個となる。つぎに格子定数 a と原子半径の関係を求める。剛体球モデルを仮定すると図（a）で網掛けした面において隣りあう原子が接触していることが図（b）よりわかる。したがって，格子定数と原子半径との関係は $\sqrt{2}\,a=4r$ となり，立方体の体積を求めると $a^3=(2\sqrt{2}\,r)^3$ となる。ゆえに

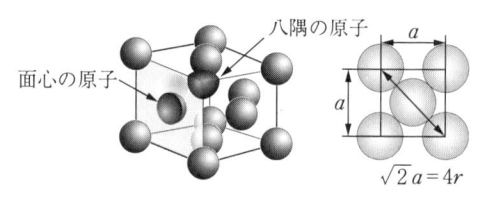

（a） fcc 構造　　（b） fcc 構造において原子が接触する面

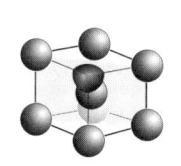

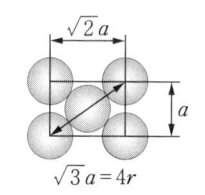

（c） bcc 構造　　（d） bcc 構造において原子が接触する面

図 2.8　fcc 構造および bcc 構造の最近接原子

$$4 \times \left(\frac{4\pi r^3}{3}\right) \div \left(2\sqrt{2}\, r\right)^3 = \frac{\sqrt{2}\,\pi}{6} \fallingdotseq 0.74 \tag{2.1}$$

より fcc 構造における原子の充填率が 0.74 であることが求まる。すぐ後に示すように hcp の原子の充填率も同じく 0.74 となるが，これは fcc 構造と hcp 構造は同じように球体を 3 次元的に最も密に重ねた配列（最密充填）であることに由来する。すなわち球体で空間を埋め尽くした際の充填率の最高値は 74 ％ となる。

つぎに図（c），図（d）を用いて，bcc 構造の原子の充填率を計算する。単位格子中に含まれる原子のみかけの個数は八隅の 8 個と体心位置の 1 個であるが，八隅の原子に関しては上記のように 1/8 しか含まれていないため，実際には計 2 個となる。図（d）よりわかるように，格子定数と原子半径との関係は $\sqrt{3}\,a = 4r$ であるので，立方体の体積は $a^3 = \{(4\sqrt{3}\,r)/3\}^3$ となり，ゆえに

$$2 \times \left(\frac{4\pi r^3}{3}\right) \div \left(\frac{4\sqrt{3}\,r}{3}\right)^3 = \frac{\sqrt{3}\,\pi}{8} \fallingdotseq 0.68 \tag{2.2}$$

より bcc 構造における原子の充填率が 0.68 であることが求まる。このように，

bcc 構造は原子が密につまっておらず，やや粗な結晶構造となっている．

最後に，hcp 構造の充填率を計算してみよう．単位格子中に含まれる原子は，**図 2.9**（a）に示すように，その 1/6 が単位格子に含まれる原子，その 1/2 の原子が単位格子に含まれる原子，および全体が単位格子に含まれる原子に分類され，それぞれ実際に単位格子に含まれる個数は，1/6×12＝2 個，1/2×2＝1 個，および 3 個となる．したがって，計 6 個の原子が単位格子に実際に含まれることになる．

（a）hcp 構造　　（b）hcp 構造において原子が接触する面

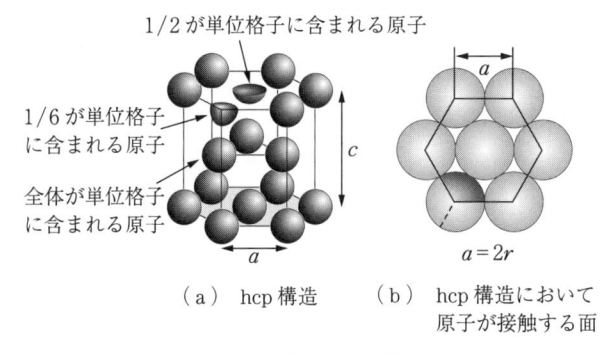

図 2.9 hcp 構造の最近接原子

つぎに単位格子の六角柱の体積を求める．格子定数と原子半径との関係は，図（b）から簡単に $a=2r$ となる．したがって，六角柱の底面積は $6\sqrt{3}\,r^2$ となる．図（a）に示す a 軸と c 軸の比は軸比あるいは **c/a 比**（c/a ratio）と呼ばれ，理想的な hcp では $\sqrt{(8/3)}$（≒1.633）となる．したがって，六角柱の高さは $2r\sqrt{(8/3)}$，単位格子の六角柱の体積は $24\sqrt{2}\,r^3$ となり

$$6\times\left(\frac{4\pi r^3}{3}\right)\div 24\sqrt{2}\,r^3 = \frac{\sqrt{2}\,\pi}{6} \fallingdotseq 0.74 \tag{2.3}$$

より hcp 構造における原子の充填率が 0.74 であることが求まる．このように，hcp 構造の原子の充填率は，理想的な軸比をもつ場合，fcc 構造のそれと等しくなる．しかし，実際の hcp 金属では理想的な軸比をもたない．**表 2.2** に hcp 金属の軸比の値を記す．以上，fcc 構造，bcc 構造および hcp 構造の差異をまとめると**表 2.3** になる．

20   2. 結　晶　構　造

表 2.2　代表的な hcp 金属の軸比

金属	c/a
Mg	1.623 6
Ti	1.587 9
Zn	1.856 2
Cd	1.885 6
Zr	1.592 5

表 2.3　fcc 構造，bcc 構造および hcp 構造の差異

	最密面の積層順序	最近接原子数（配位数）	格子定数と原子半径との関係	原子の充填率
fcc 構造	ABCABCA	12	$\sqrt{2}\,a = 4r$	0.74
bcc 構造	最密充填面の積層ではない	8	$\sqrt{3}\,a = 4r$	0.68
hcp 構造	ABABABA	12	$a = 2r$ $c = 2r\sqrt{(8/3)}$	0.74

2.5　立方晶のミラー指数

結晶の方向や面を表す場合，**ミラー指数**（Miller index）が用いられる。ここでは，立方晶における点，方向および面の記述方法を説明する。

2.5.1　点の表し方

単位格子中の点を座標で表すには，単位格子の各辺の長さを単位にとった座標で表せばよい。図 2.10 のように，bcc 格子の場合，原点の座標は 000，体

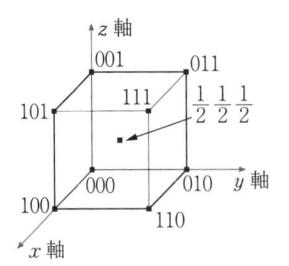

図 2.10　単位格子内の各点の座標

心位置の座標は $\frac{1}{2}\frac{1}{2}\frac{1}{2}$ となる。

2.5.2 方向の表し方

基本的にはベクトルの概念を用いればよい。まず，求めようとする方向と平行であり，原点を通る直線を引く。その直線上の任意の点の座標を決め，できるだけ小さい整数比に直す。これが求める方向であり，それを $[uvw]$ のように表す。マイナス方向の指数の場合，指数の上にマイナスをつける。例えば，y 軸方向の指数がマイナスの場合，$[u\bar{v}w]$ のように表す。また，結晶学的に等価な方向は $\langle uvw \rangle$ と表記する。例えば，[100] と [010] と [001] は結晶学的に等価であり，これらをまとめて $\langle 100 \rangle$ と表記する。いくつかの代表的な方向のミラー指数を**図 2.11** に示す。

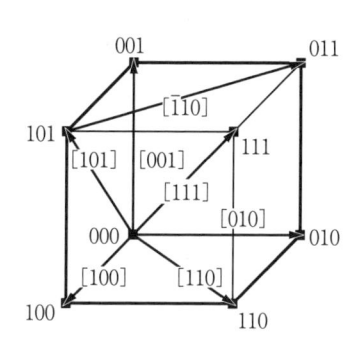

図 2.11 立方晶系の代表的な方向のミラー指数

2.5.3 面の表し方

面の表し方は，点や方向に比べて若干面倒である。まず，求める面が，三つの座標軸を切る交点の位置を単位格子の辺の長さ a を単位として表し，この逆数をとる。ある座標軸に平行な面の場合は，その面が距離 ∞ でその軸を切ると考え，その逆数は 0 となる。これに分母の最小公倍数を掛けて，同じ比の最小の整数比に直し，(hkl) のように表す。また，結晶学的に等価な面は $\{hkl\}$ と表記する。

例えば，**図 2.12** に示す面の場合，x 軸，y 軸および z 軸とは，それぞれ

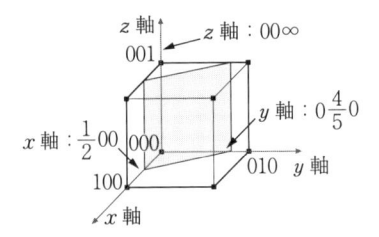

図 2.12 立方晶系の面のミラー指数の求め方

1/2，4/5 および ∞（実際は交接しない）で交接する．したがって，これらの数字の逆数 2，5/4，0 の最小整数比 8，5，0 が求める指数であり，これを (850) と表す．

図 2.13 に代表的な面のミラー指数を記す．図 2.14（a）に例を示すように平行な面は同じ指数になり，また，図（b）に例を示すように $(1\bar{1}1)$ と $(\bar{1}1\bar{1})$ のような指数が同じで符号がすべて逆の面どうしも平行である．さらに，(hkl) 面と $[hkl]$ 方向とは垂直である．なお，平行な面は同じ指数になるの

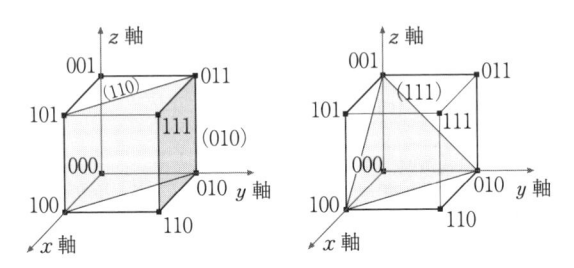

図 2.13 立方晶系の代表的な面のミラー指数

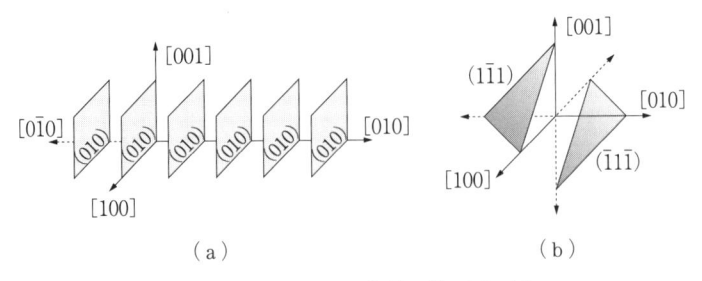

（a）　　　　　　　（b）

図 2.14 平行または符号が逆の面の例

で，原点を含む面はそれと平行な面の指数を求めればよい．

2.5.4 立方晶におけるミラー指数の間の関係

立方晶におけるミラー指数の間の関係は，内積と外積により求められる．いくつかの基本的な関係を以下に示す．なお，軸の長さが異なる正方晶や，各座標軸の間の角が直角ではない単斜晶などでは，下記の単純な関係は成立しないことに注意する必要がある．

1) 二つの面 $(h_1 k_1 l_1)$ と $(h_2 k_2 l_2)$ とのなす角 θ

$$\cos\theta = \frac{(h_1 h_2 + k_1 k_2 + l_1 l_2)}{\sqrt{(h_1^2 + k_1^2 + l_1^2)(h_2^2 + k_2^2 + l_2^2)}} \tag{2.4}$$

2) 方向 $[u_1 v_1 w_1]$ と $[u_2 v_2 w_2]$ とのなす角 θ

$$\cos\theta = \frac{(u_1 u_2 + v_1 v_2 + w_1 w_2)}{\sqrt{(u_1^2 + v_1^2 + w_1^2)(u_2^2 + v_2^2 + w_2^2)}} \tag{2.5}$$

3) 面 (hkl) と方向 $[uvw]$ とのなす角 θ

$$\sin\theta = \frac{(hu + kv + lw)}{\sqrt{(h^2 + k^2 + l^2)(u^2 + v^2 + w^2)}} \tag{2.6}$$

4) 面 (hkl) と方向 $[hkl]$ とは垂直である

5) 面 (hkl) と方向 $[uvw]$ とが平行である条件

$$hu + kv + lw = 0 \tag{2.7}$$

6) 二つの面 $(h_1 k_1 l_1)$ と $(h_2 k_2 l_2)$ の交線 $[uvw]$

$$u : v : w = (k_1 l_2 - l_1 k_2) : (l_1 h_2 - h_1 l_2) : (h_1 k_2 - k_1 h_2) \tag{2.8}$$

7) 二つの方向 $[u_1 v_1 w_1]$ と $[u_2 v_2 w_2]$ とで決まる面 (hkl)

$$h : k : l = (v_1 w_2 - w_1 v_2) : (w_1 u_2 - u_1 w_2) : (u_1 v_2 - v_1 u_2) \tag{2.9}$$

8) 単純立方格子において，同一指数 (hkl) をもつ面の間の距離である**面間隔** (lattice spacing) は

$$d_{hkl} = \frac{a}{\sqrt{h^2 + k^2 + l^2}} \tag{2.10}$$

ここで，a は格子定数である．したがって，**図 2.15** にも示すが，高指

24 　2. 結 晶 構 造

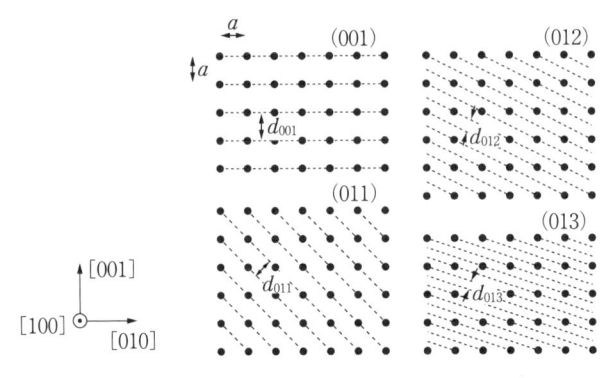

図 2.15 代表的な面における面間隔

数な結晶面ほど面間隔は狭いことがわかる。また，低指数な結晶面ほど原子密度は高い。

2.6 六方晶における指数付け

六方晶では6回回転対称であるため，ミラー指数ではなく一般的に**ミラー－ブラベー指数**（Miller-Bravais index）が採用される。ミラー－ブラベー指数の場合，方向より面のほうがわかりやすいので，まずは面の表し方について述べる。

2.6.1　面の表し方

まず，座標軸として，**図 2.16** に示すような底面上の三つの主軸と縦の中心軸との計4本を用いる。その四つの座標軸 a_1, a_2, a_3, c について，ミラー指

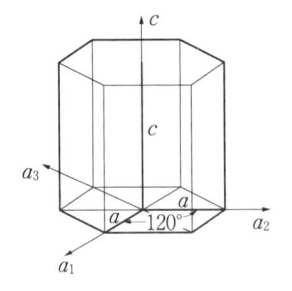

図 2.16　六方晶の結晶軸

数と同様に面の指数を決める。すなわち，格子面が a_1, a_2, a_3, c 軸と交わる長さが a_1/h, a_2/k, a_3/i, c/l のとき，最小整数比 $h\ k\ i\ l$ が求める指数となる。できあがった $(hkil)$ において，つねに $i=-(h+k)$ となる。例えば，求める面が a_1, a_2, a_3, c 軸と交わる長さが $-a$, $a/2$, $-a$, ∞ の場合，求める面は $(\bar{1}2\bar{1}0)$ となる。**図2.17**に六方晶の代表的な面のミラー–ブラベー指数を記す。

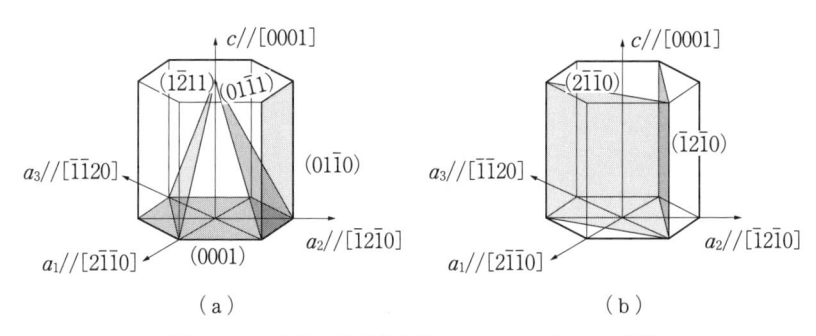

図2.17 六方晶の代表的な面のミラー・ブラベー指数

2.6.2 方向の表し方

底面内の方向に関しては面 $(hki0)$ と方向 $[hki0]$ とは垂直であるので，これより求める。例えば，$(2\bar{1}\bar{1}0)$ 面に垂直な方向は $[2\bar{1}\bar{1}0]$ 方向であり，したがって，a_1 は $[2\bar{1}\bar{1}0]$ 方向であることがわかる。同様に a_2 および a_3 方向はそれぞれ $[\bar{1}2\bar{1}0]$ および $[\bar{1}\bar{1}20]$ 方向となる。また，c 軸方向は $[0001]$ 方向である。**図2.18**に底面内の方向を示す。

このように，底面内の方向の表示は簡単であるが，c 軸成分を有する方向に関しては少し難しくなる。これはミラー指数が基本的にはベクトルの概念を用いているものの，指数付けのときにできるだけ小さい整数比に直しており，ベクトルの大きさの情報が欠落していることに起因する。**図2.19**をみてほしい。先ほど求めた $[2\bar{1}\bar{1}0]$ 方向であるが，h 成分が2，k 成分が-1，i 成分が-1であるので，この大きさを使ってベクトルを描くと六角形の外に出てしまう。格子定数 a を使って書くと，その大きさは $3a$ となる。同様に，$[\bar{1}100]$ 方向も2

26　2. 結晶構造

図 2.18 底面内の方向

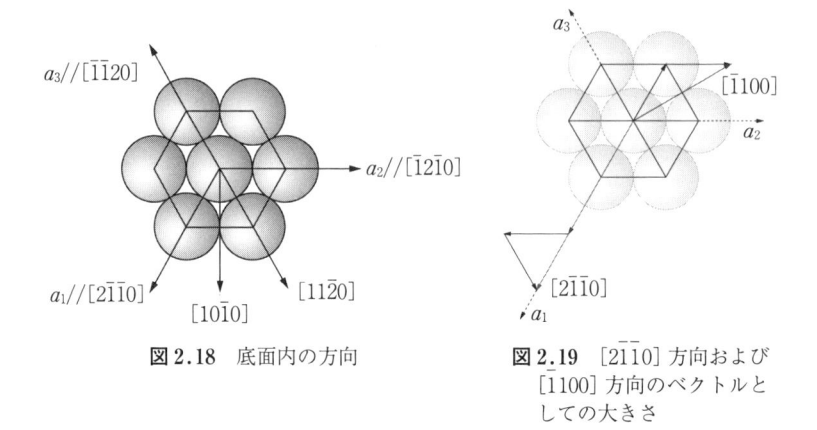

図 2.19 $[2\bar{1}\bar{1}0]$ 方向および $[\bar{1}100]$ 方向のベクトルとしての大きさ

倍の大きさをもっている。

したがって，これらを加味して方向を求めると，**図 2.20** となる。一般的には面 ($hkil$) と方向 [$hkil$] とは垂直にならず，面 ($hkil$) と方向 $\left[hki\dfrac{l}{\lambda}\right]$ とが垂直になる。ここで，$\lambda=\sqrt{(2/3)}\times c/a$ である。

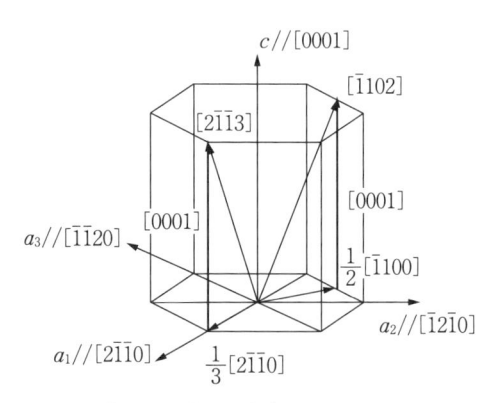

図 2.20 六方晶の代表的な方向のミラー - ブラベー指数

2.7　回折現象と結晶構造解析

材料の結晶構造や面方位を知りたい場合，**X 線回折**（X-ray diffraction）を

利用することが多い。ここで，X線は波長が約 0.001〜10 nm の間の電磁波であり，銅やモリブデンなどの金属に電子線を照射して発生させる。発生したX線は以下に示すように，用途ごとに連続的なスペクトル分布をもつ**連続X線**（continuous X-rays）や単一波長の**特性X線**（characteristic X-rays）が使い分けられる。

2.7.1 ブラッグの法則とX線回折

結晶を面間隔 d_{hkl} で並んだ格子面群と考え，これに波長 λ の特性X線を照射したとき，強い回折線が出る方向 θ は

$$2d_{hkl}\sin\theta = n\lambda \tag{2.11}$$

となる。この関係を**ブラッグの法則**（Bragg's Law）と呼ぶ。**図 2.21** にその原理を示す。X線の経路差が波長の整数倍のとき，反射したX線の位相が一致し，たがいに強めあう。波長 λ は既知なので，反射角 θ から面間隔 d_{hkl} を求めることができる。

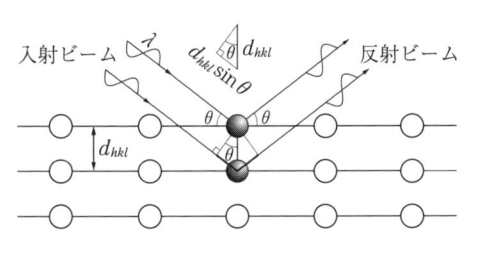

図 2.21 入射X線と回折X線の関係

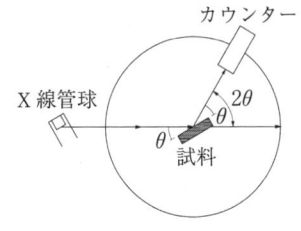

図 2.22 X線ディフラクトメーター法の装置の概略図

粉末試料や多結晶試料のX線回折像を用いる物質構造研究法として**X線ディフラクトメーター法**（X-ray diffractometer method, X-ray diffractometry）がある。**図 2.22** にその装置の概略図を示す。各回折線の強度と反射角 θ から求めた面間隔とを用いて試料の結晶構造と格子定数を決定する。

2.7.2 背面反射ラウエ法

図 2.23（a）に示すように，連続X線をフィルム中央を通して単結晶に照射

（a） ラウエ法　　　　　　（b） ウルフネット

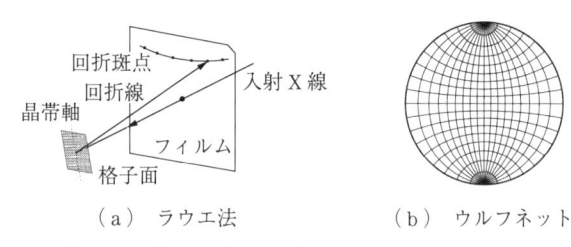

図 2.23　背面反射ラウエ法の概略図とウルフネット

し，反射 X 線をフィルムに記録する。得られた回折図形を**グレニンガーチャート**（Greninger chart）で読み取り，図（b）に示した**ウルフネット**（Wulff net）を利用して**ステレオ投影図**（stereographic projection）を描く。描いたステレオ投影図の指数付けを行えば，単結晶のミラー指数が決定できる。これを**背面反射ラウエ法**（Back-Laue method）と呼ぶ。

　結晶の重要な面をステレオ投影した**標準投影図**（standard projection）を利用すれば，結晶内の重要な面の相対的方向や角度関係がひと目でわかる。立方格子の（001）標準投影図を**図 2.24** に示す。この標準投影をよくみると，24個の球面三角形で形成されており，その頂点は 001 ファミリー，011 ファミリーおよび 111 ファミリーである。したがって，ある方向やある面を表す場合，図に網掛けで示した基本ステレオ三角形一つを用いればよい。

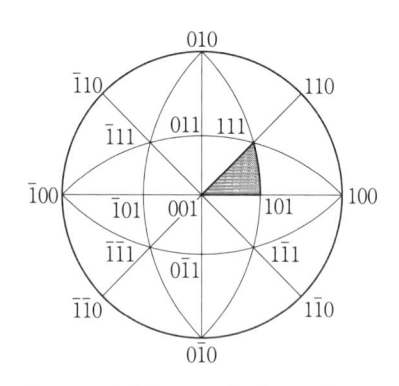

図 2.24　立方格子の（001）標準投影図

◇ 演 習 問 題 ◇

2.1 正方晶系に面心格子がない理由を説明せよ．また，ブラベー格子の中にhcp構造がないのはなぜかを説明せよ．

2.2 代表的な金属の結晶構造を三つあげよ．また，三つの結晶構造の模式図を描け．

2.3 fcc構造，bcc構造およびhcp構造の原子充塡率を導出せよ．

2.4 ミラー指数で示される (100) 面，(110) 面，(112) 面，$(11\bar{2})$ 面および $(\bar{1}\bar{1}\bar{2})$ 面を描け．

2.5 図2.25に示した面の指数を求めよ．

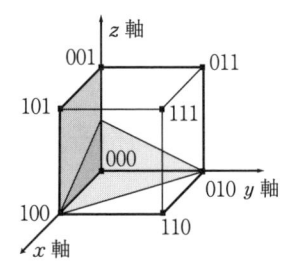

図 2.25

2.6 (111) 面を描き，その面内に含まれる $\langle 110 \rangle$ 方向を記入し，その指数を示せ．

2.7 $\{110\}$ で表される面をすべてあげよ．

2.8 $[100]$ 方向と $[21\bar{1}]$ 方向のなす角度を求めよ．

2.9 立方晶の面間隔 d を導出せよ．このとき，ミラー指数 h，k，l と格子定数 a を用いよ．

2.10 立方晶の場合，(hkl) 面と $[hkl]$ 方向とはたがいに垂直であることを証明せよ．

2.11 鉄（Fe）は高温から冷却していくと，fcc構造からbcc構造へとその結晶構造が変化する．このような結晶構造の変化にともない体積は膨張するか，収縮するかを答えよ．また，その割合を〔%〕で表せ．

2.12 理想的なhcpの c/a 比が $\sqrt{(8/3)}$ となることを証明せよ．

3 格 子 欠 陥

前章では結晶中の原子が規則正しく並んでいることを学んだ。しかし，実際の材料中にはいろいろな**格子欠陥**（lattice defect, lattice imperfection）が存在し，原子配列の規則性が乱れている部分がある。また，結晶中に異種元素が含まれている場合，やはり原子配列に乱れが生じることがある。ここでは，格子欠陥の種類および合金の結晶構造について述べる。

3.1 0（零）次元的格子欠陥

あるべきところに原子がなかったり，逆に正常な配列では原子があってはいけないところに原子があるような原子サイズの欠陥は，0次元的な格子欠陥であり，**点欠陥**（point defect）と呼ばれる。**図3.1**にその例を示す。以下では，個々の点欠陥について説明する。

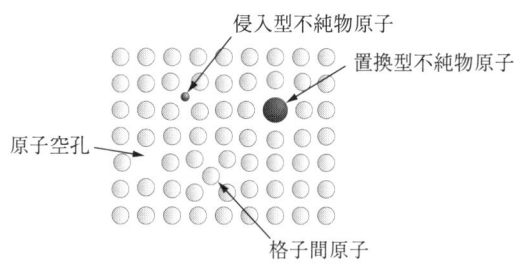

図 3.1 0次元的の格子欠陥

3.1.1 原 子 空 孔

原子空孔あるいは単に**空孔**（vacancy）とは，本来原子のあるべき位置に原

子がない状態，すなわち原子が1個抜けたところを指す。空孔を作るためには，仮想的に結晶内の原子1個を結晶の外まで移動させ，取り除く仕事を行わなければならない。この外部からの仕事のため，空孔が結晶内に存在すると結晶の内部エネルギーは増加する。詳細は5章において後述するが，結晶中に存在する空孔は配列のエントロピーを増加させるため，有限温度においては熱平衡空孔濃度が存在する。これは格子間原子にも当てはまる。温度 T における結晶中の空孔濃度 c_v は

$$c_v = c_v^0 \exp\left(-\frac{Q_v}{kT}\right) \tag{3.1}$$

によって求められる。ここで，c_v^0 は定数，Q_v は空孔の形成エネルギー，k はボルツマン定数である。この式から，温度が上昇すると，熱平衡空孔濃度は急激に増加することがわかる。金属の種類によらず融点直下での熱平衡空孔濃度は，原子比でおよそ 10^{-4} 程度の値となることが知られている。空孔濃度は4章で学ぶ拡散現象を介して，さまざまな固体反応を律速している。

3.1.2 格子間原子

空孔とは逆に正常な配列位置以外にある原子を**格子間原子**（interstitial atom）と呼ぶ。3.5節で説明するように，格子間の空隙は原子サイズに比べて小さい。そのため，そこへの原子の侵入は大きな内部エネルギー上昇を招くため，配列のエントロピーの効果は相対的に小さくなる。格子間原子の熱平衡濃度も式（3.1）と同じ形で表されるが，格子間原子の形成エネルギーは空孔と比較して数倍大きいとされており，格子間原子の熱平衡濃度は空孔に比べてはるかに小さい。原子炉などの，大きなエネルギーをもったイオンの照射を受ける環境下では，**クラウディオン**（crowdion）と呼ばれる多数の原子からなる格子間の欠陥構造を形成することもある。

3.1.3 不純物原子

結晶を構成する原子とは異なる異種原子を**不純物原子**（impurity atom）も

しくは**溶質元素**（solute atom）と呼ぶ．どのような位置に存在するかで二つに分類することができ，**溶媒原子**（solvent atom）の格子（母相）の隙間に入り込んだ異種原子を**侵入型**（interstitial type）**不純物原子**，溶媒原子が占めるべき位置に異種原子が存在する場合を**置換型**（substitutional type）**不純物原子**という．3.5節で述べるように，格子間の空隙は小さいが，母相原子に比較してサイズが小さい原子は侵入型となりうる．その例として，鉄母相中の炭素原子や窒素原子などがあげられる．これに対し，ニッケル原子やクロム原子などは，母相の鉄原子とサイズが同程度なため置換型となる．

3.2　1次元的格子欠陥

結晶の中には**転位**（dislocation）と呼ばれる1次元的格子欠陥すなわち**線欠陥**（line defect）が存在する．転位には**刃状転位**（edge dislocation），**らせん転位**（screw dislocation）およびこれらの両方の性質をもつ**混合転位**（mixed dislocation）がある．刃状転位の模式図を**図3.2**に示すが，上から3列目と4列目との間で紙面の奥行き方向にも原子の並びが乱れていることに注意してほしい．結晶内ですべり変形が起こるとき，転位は変形の最前線となる．転位は材料の強度と密接に関係するため，詳細は7章で述べる．

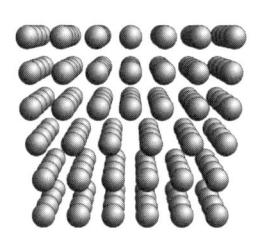

図3.2　刃状転位の模式図

3.3　2次元的格子欠陥

面状に形成された2次元的格子欠陥は**面欠陥**（planar defect）と呼ばれ，**結晶粒界**（grain boundary），**積層欠陥**（stacking fault），**表面**（surface）および

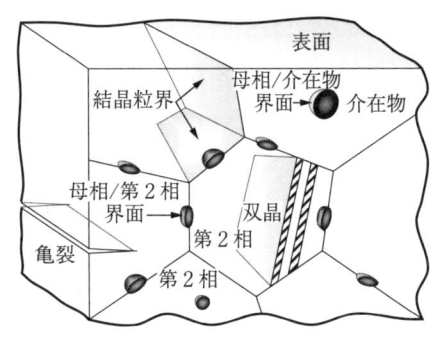

図3.3 2次元的および3次元的格子欠陥の例

界面（interface）などがある。模式図を**図3.3**に示す。2次元的格子欠陥は面積に比例して系のエネルギーを上昇させる。単位面積当りの欠陥エネルギーを$\varGamma$〔J/m^2〕で表すことが多い。

3.3.1 結晶粒界

われわれが手にする多くの金属は多結晶体である。この多結晶体を構成する一つ一つの結晶を**結晶粒**（grain）と呼ぶ。結晶粒と結晶粒との境界は結晶粒界，あるいは略して**粒界**と呼ばれ，8章で述べるように材料強度と深くかかわっている。傾角粒界の模式図を**図3.4**に示す。二つの結晶粒間の方位のずれが大きい場合には**大角粒界**（high angle boundary），ずれが15°以下で小さい場合には**小角粒界**（low angle boundary），さらに数度以下では**亜粒界**（subboundary）

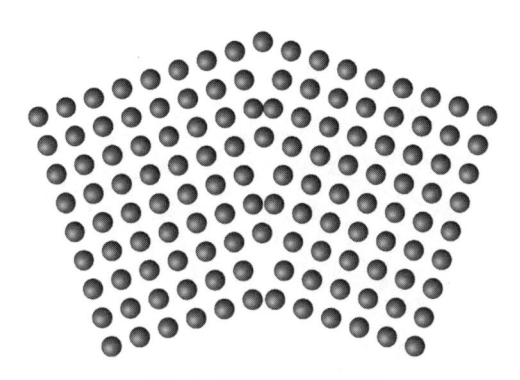

図3.4 傾角粒界の模式図

と呼ばれる。亜粒界や小角粒界は転位の集合体で説明できる。また，双晶界面を特殊な粒界として取り扱うこともできる。

ここで**双晶**（twin）とは**図3.5**に示すように，結晶中での原子配列がたがいに特定の面を鏡映面（双晶界面）とするような位置関係にある一対の結晶粒の組を指す。双晶界面を境に母相と双晶とは**鏡映**（mirror image）となる。

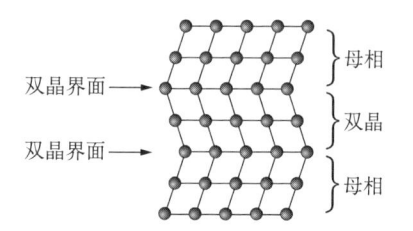

図3.5 双晶の原子配列の模式図

粒界の結晶学を定義するパラメーターの一つに**Σ値**（Σ value）がある。ここで，粒界を挟んで二つの結晶の格子を重ねたとき，両格子の原子が空間的に重なる点を**対応格子点**（coincidence site lattice）と呼ぶ。この対応格子点の空間的な密度の逆数がΣ値である。例えば，図3.4の粒界の場合，粒界を挟んだ二つの格子を重ねると**図3.6**になる。ここで，対応格子点で囲まれた四角内を考えると，全5個の原子中，1個の原子が重なりあっている。したがって，図3.4に示した粒界がΣ5粒界であることがわかる。

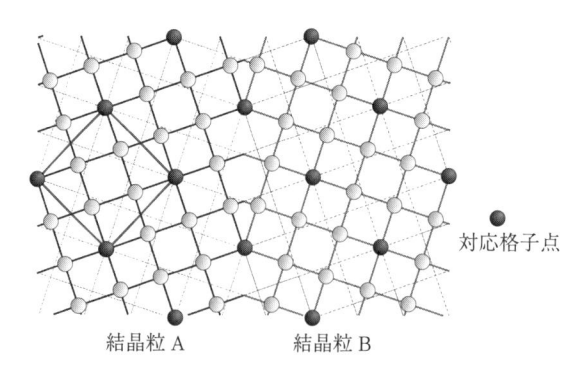

図3.6 Σ5粒界の格子対応格子点

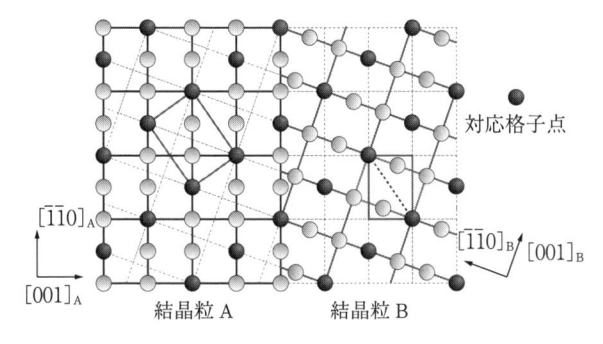

図3.7 Σ3粒界の格子対応と双晶関係

図 3.7にfcc構造の($1\bar{1}0$)面を70.5°回転させて重ねた図面を示す。結晶粒Aにおける四角内を考えると，原子3個に1個が重なりあっていることがわかる。したがって，このような二つの結晶の空間的な配置によって形成される粒界はΣ3粒界となる。さらに，結晶粒Bの四角に注目すると，結晶粒Aと結晶粒Bとは双晶関係にあることもわかる。このように，この双晶界面はΣ3粒界と考えることもできる。Σ値の低い粒界ほど，両結晶の整合性あるいは連続性が高いことから，一般的な粒界とは異なる特性を示す場合があることが知られている。

粒界が存在することより生じる単位面積当りのエネルギーを**粒界エネルギー**（grain boundary energy）といい，**図 3.8**に示すように二つの結晶粒間の方位

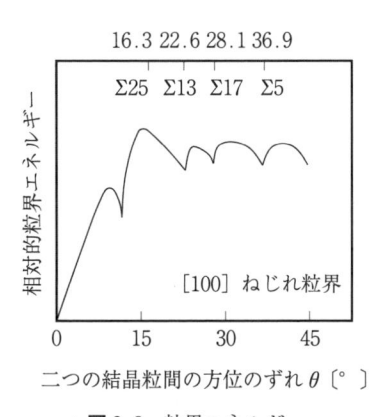

図3.8 粒界エネルギー

のずれなどによって異なる値をもつ。Σ5 や Σ13 の粒界など，対応のよい粒界の粒界エネルギーが低い傾向にあることがわかる。この粒界エネルギーは，粒界性格をより正確に反映するパラメーターと考えられている。

3.3.2 積層欠陥

2 章で hcp 構造は ABABABA と最密面が積層した構造であり，fcc 構造は ABCABCA と積層した構造であることを学んだ。しかし，例えば fcc 格子中の一部に ABCAB<u>A</u>BCA のように積層が乱れることがある。これも面状の並びに関する欠陥であり，この面状欠陥を積層欠陥という。積層欠陥は転位の運動にも関係するが，それに関しては 7 章で述べる。

3.3.3 表　　面

表面も 2 次元的格子欠陥である。すなわち，結晶内部の原子はすべての方向において隣接原子に囲まれているが，表面の原子はすべての方向に隣接原子が存在するわけではない。そのため，表面近傍の原子配列は内部の結晶構造とは異なる場合がある。

3.3.4 界　　面

つぎの節で述べる介在物や第 2 相などが母相内にある場合，それらと母相との間には界面（異相界面）が存在する。母相と第 2 相との界面に関しては 8 章で述べる。

3.4　3 次元的格子欠陥

3 次元的格子欠陥は体積欠陥とも呼ばれ，**介在物**（inclusion），**亀裂**（crack），**空洞**（void, cavity）および第 2 相などがその例である。これらの模式図も図 3.3 に示す。亀裂や空洞は 0 次元的格子欠陥である空孔や 1 次元的格子欠陥である転位の集積によって形成される。

3.5 合金の結晶構造

3.5.1 固溶体

　純金属に他の金属あるいは非金属を人為的に加えてできた物質で，金属的性質を有するものを**合金**（alloy）と呼ぶ。溶媒原子と溶質原子（もしくは不純物原子）が均一かつランダムに混合することでできあがる**相**（phase）を**固溶体**（solid solution）[†]と呼ぶ。3.1節で述べたように，固溶体には**図3.9**に示す**侵入型固溶体**（interstitial solid solution）と**置換型固溶体**（substitutional solid solution）とがある。剛体球モデルに基づけば，前者では空隙サイズより溶質原子サイズが大きい場合，後者では溶質と溶媒の両原子サイズに差がある場合，周囲の原子に変位を与え，格子にひずみが生じる。

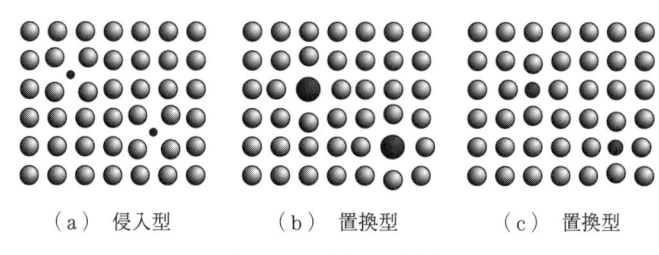

（a）侵入型　　（b）置換型　　（c）置換型

図3.9　固溶体の種類

　侵入型固溶体の場合，溶媒原子間の隙間に入り込むが，fcc，hcpおよびbccではその位置には**八面体位置**（octahedral site）と**四面体位置**（tetrahedral site）とがある。

　図3.10（a），（b）に示すように，fcc格子の八面体位置では正八面体中心に，四面体位置では正四面体中心に原子が侵入する。図（a）において網掛けしてある面を図（c）に示す。この図より，fcc格子の八面体位置において，格子をゆがめずに入りうる侵入型原子の最大半径，すなわち八面体位置の隙間半

[†] 母体となる純金属と組成的な連続性を保って溶質原子が入ってできる固溶体は，純金属と同一結晶構造を有す。これを一次固溶体（terminal solid solution）と呼ぶ。

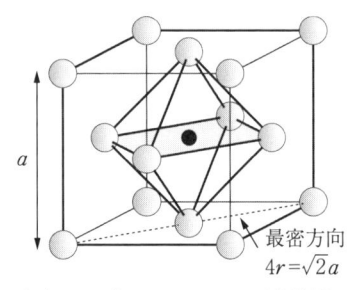

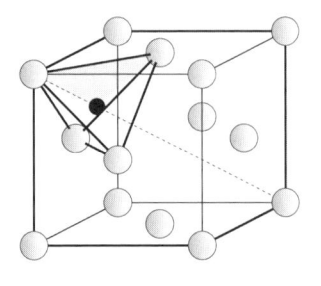

(a) fcc 格子における八面体位置 　　(b) fcc 格子における四面体位置

$4r=\sqrt{2}a$ 最密方向

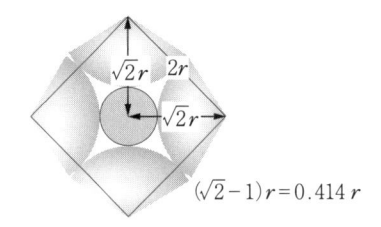

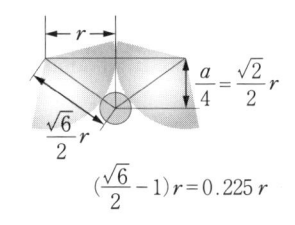

(c) fcc 格子における八面体位置の隙間半径　　$(\sqrt{2}-1)r=0.414r$

(d) fcc 格子における四面体位置の隙間半径　　$\left(\dfrac{\sqrt{6}}{2}-1\right)r=0.225r$

図 3.10　fcc 格子中の八面体隙間と四面体隙間

径は，溶媒原子の半径を r とすると

$$(\sqrt{2}-1)r = 0.414r \tag{3.2}$$

であることがわかる。同様に図(b)において網掛けしてある面を図(d)に示すが，これより，fcc 格子の四面体位置の隙間半径は

$$\left(\dfrac{\sqrt{6}}{2}-1\right)r = 0.225r \tag{3.3}$$

と求まる。

つぎに，bcc 格子の隙間半径を計算しよう。bcc 格子における八面体位置および四面体位置をそれぞれ**図 3.11**(a)，(b) に示す。bcc 格子の八面体位置は正八面体ではなく，また，bcc 格子の四面体位置は正四面体でないことに注意してほしい。すなわち，八面体位置の場合，配位する 6 個の原子のうち最近接原子は 2 個のみである。図(a)において網掛けしてある面が図(c)であり，bcc 格子の八面体位置には異方性があることがわかる。この図を用いると

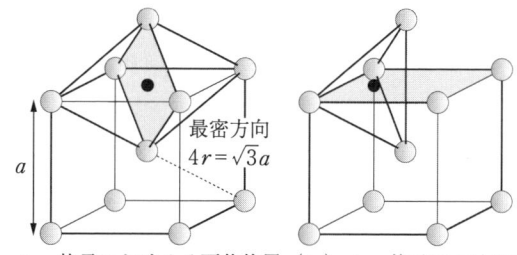

(a) bcc格子における八面体位置　(b) bcc格子における四面体位置

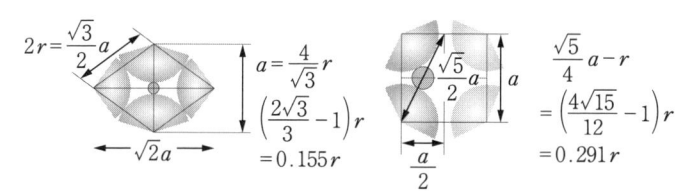

(c) bcc格子における八面体位置の隙間半径　(d) bcc格子における四面体位置の隙間半径

図3.11 bcc格子中の八面体隙間と四面体隙間

隙間半径の

$$\left(\frac{2\sqrt{3}}{3}-1\right)r=0.155r \tag{3.4}$$

が求まる。さらに，ちょっと複雑だが，図(d)よりbcc格子の四面体位置の隙間半径は

$$\left(\frac{4\sqrt{15}}{12}-1\right)r=0.291r \tag{3.5}$$

となる。

以上をまとめると，**表3.1**となる。参考のため，原子充塡率を再掲してある。最密充塡構造であるfcc格子やhcp格子の八面体位置の隙間半径が，

表3.1 金属の主要な結晶構造の特徴

	八面体位置隙間半径	四面体位置隙間半径	原子充塡率
fcc	$0.414r$	$0.225r$	0.74
hcp	$0.414r$	$0.225r$	0.74
bcc	$0.155r$	$0.291r$	0.68

40　3. 格　子　欠　陥

bcc格子の八面体位置の隙間半径に比べて大きいことに注目してほしい。9章で述べるが，鋼（Fe-C合金）中の炭素原子は，八面体位置に侵入することが知られている。このため，fcc構造の鉄（γ鉄）には比較的多くの炭素が固溶するが，bcc構造の鉄（α鉄）にはほとんど固溶しない。炭素の原子サイズ（原子半径：0.07 nm程度）が鉄の原子サイズ（原子半径：0.124 nm）のおよそ半分程度であることから理解できる。

3.5.2　金属間化合物

　主として金属原子同士が簡単な整数比すなわち**化学量論的組成**（stoichiometric composition）で結合したものを**金属間化合物**（intermetallic compound）と呼ぶ。例外もあるものの，一般的には硬く，比重に対する強度（比強度）が大きいが，脆くて延性に乏しいという特徴がある。その結晶構造は，**規則格子**（ordered structure）あるいは**超格子**（superlattice, superstructure）と呼ばれ，異種原子の規則的配列の繰返し周期が通常の結晶構造の繰返し周期と比べて大きいことから大きな単位格子をもつ。この状況を固溶体と比較してみよう。固溶体は**図3.12**（a）のようにA原子とB原子とがランダムに配置，すなわち不規則配列している。これに対し，金属間化合物は図（b）のように規則配列を有する。

　規則相と不規則相の二つの状態はたがいに変わりあう場合があり，**規則－不規則変態**（order-disorder transition）と呼ぶ。この規則相の中に図（c）のよ

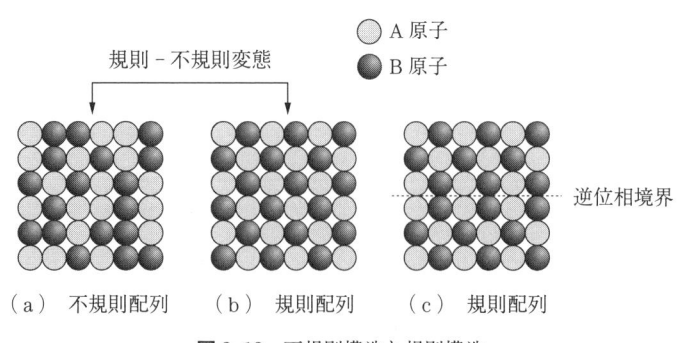

（a）不規則配列　　（b）規則配列　　（c）規則配列

図3.12　不規則構造と規則構造

うに同種の原子が隣りあうような面欠陥が生じることがあり、これを**逆位相境界**（anti-phase boundary，APB）と呼ぶ。8章で詳細に述べるが、転位が規則相内を通過すると図（c）のように同種の原子が隣りあう逆位相境界を形成する。このとき、化合物内では本来は制限されている同種原子間の隣接がより多く存在することにより、系の内部エネルギーが上昇してしまう。すなわち、転位運動のための外力は逆位相境界形成によるエネルギー増加分の仕事をする必要がある。一般的に金属間化合物は高強度・低靱性を示すものが多いが、その理由の一つである。また、粒界においても同様に同種原子間の隣接が生じて界面エネルギーが上昇し、亀裂の進展による表面形成が相対的に容易になり、破壊しやすくなるとも考えられる。

◇ 演 習 問 題 ◇

3.1 銅の室温（300 K）と融点（1 356 K）における空孔の熱平衡濃度を計算せよ。簡単のために式（3.1）の c_v^0 を1とし、銅の空孔の形成エネルギーは $Q_v = 1.66 \times 10^{-19}$ 〔J〕、ボルツマン定数は 1.38×10^{-23} 〔J/K〕を用いよ。また、格子間原子の形成エネルギーは空孔の約3倍程度とされている。そこで、格子間原子の形成エネルギーを 4.80×10^{-19} 〔J〕として、空孔濃度と格子間原子濃度を比較せよ。

3.2
（1） 1次元的格子欠陥の例を一つあげよ。
（2） 2次元的格子欠陥の一つに粒界がある。界面が鏡映面となっているような位置関係にある結晶粒の組をなんと呼ぶか答えよ。

3.3 溶質原子は大きく2種類に分けられる。その名称をあげよ。また、それらはどういった基準によって分かれるか答えよ。

3.4 fcc 構造および bcc 構造の八面体隙間に侵入することのできる溶質原子の最大サイズ（隙間半径）を導出せよ。ここで、母相原子の原子半径を r とする。

3.5 fcc 構造の（110）面を70.5度回転させて重ねた場合、たがいに双晶関係になることを証明せよ。

4 拡 散

容器に入れた水の中に1滴の赤い染料を落とすと，染料は次第に広がっていき，最後は全体に薄い色が付いた状態になる。この現象を**拡散**（diffusion）という。ここでは固体中の拡散現象について学ぼう。

4.1 拡散する原子

溶液中の染料と同様に，固体の物質中でも原子の移動が起こり，不均一であった溶質原子の分布が均一になっていく。**図4.1**のように，異なった物質を密着させて保持すると，次第に原子が移動し，最終的には均一に混ざる。この現象は物質の融点に近いほど活発に起こり，低温ほど時間がかかる。

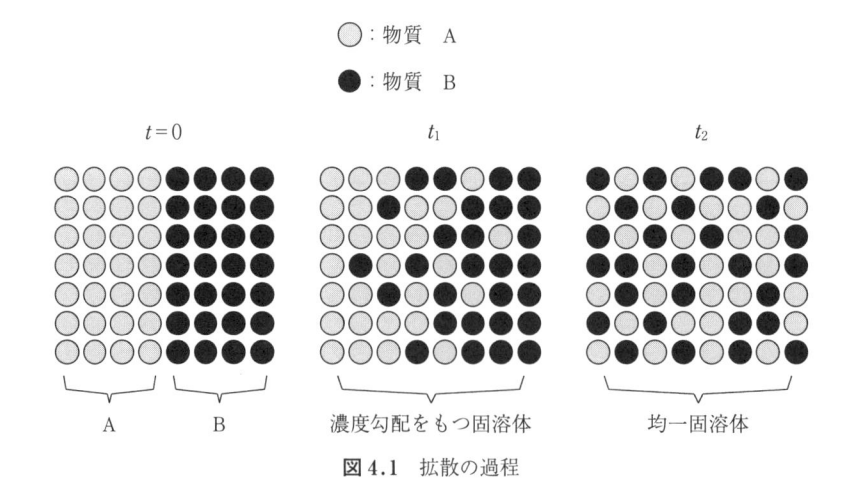

図4.1 拡散の過程

固体中の原子の拡散には，**体拡散**（**格子拡散**, volume diffusion），**転位芯拡散**（**パイプ拡散**, pipe diffusion），**表面拡散**（surface diffusion），**粒界拡散**（grain boundary diffusion）の4通りがある。**図4.2**に拡散機構の模式図を示す。4.2.3項で述べるように，原子は格子の決まった位置間をジャンプする。体拡散は移動経路の断面積が他の拡散機構と比べて圧倒的に大きいため，支配的な拡散機構である。体拡散以外の拡散（粒界拡散，転位芯拡散および表面拡散）では，その経路が原子のジャンプに有利であり，したがって体拡散と比べてより低い温度でも原子の移動が速やかとなる。そのため，拡散に支配される現象に対して，特に低温域でその影響が大きい。

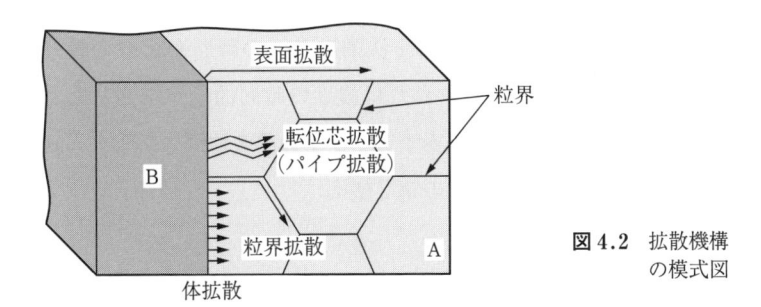

図4.2 拡散機構の模式図

拡散が関与する現象には，析出，拡散律速の転位運動および回復・再結晶などがある。これらに関しては，6章から8章にかけて詳細に述べる。

4.2 体拡散（格子拡散）の素過程

4.2.1 フィックの第1法則

ここでは，高温での現象を支配する体拡散について考える。拡散しようとする原子からみると，周囲には複数のジャンプ可能な原子位置がある。濃度に勾配がある場合，濃度を均一にすることによって系の自由エネルギーが低下する。そのため，溶質原子は濃度勾配に沿って，濃度が高いほうから低いほうへ移動することになる。溶質原子の流れ J〔mol/m²·s〕を濃度勾配（dc/dx）との関係（**フィックの第1法則**（Fick's first law））で示すと，式 (4.1) のようになる。

$$J = -D\frac{dc}{dx} \tag{4.1}$$

D は比例係数で，**拡散係数**（diffusion coefficient）と呼ばれる。J は拡散流束あるいは物質流であり，その次元は〔物質量/（面積・時間）〕である。ここで，物質量とは質量，原子数，モル数などを意味する。c は濃度であり，〔物質量/体積〕の次元をもつ。したがって，拡散係数 D は〔(長さ)^2/時間〕の次元をもち，単位の濃度勾配より，単位面積を通して，単位時間に拡散する溶質の量を表す。フィックの第1法則は濃度の時間変化を考慮していない。

4.2.2 フィックの第2法則

4.2.1項で説明したフィックの第1法則は濃度の時間変化を考慮していない。しかし実際問題として，われわれは濃度の時間的変化を知りたい。そこで，ある場所の濃度の時間変化を表す**フィックの第2法則**（Fick's second law）が重要となる。ここで，フィックの第2法則は

$$\frac{\partial c}{\partial t} = D\frac{\partial^2 c}{\partial x^2} \tag{4.2}$$

で表される。

図4.3を用いてフィックの第2法則を導出してみよう。単位断面積の棒状試料で x および x 位置より微小距離 dx だけ離れた位置の2枚の平面を考える。これらによって区切られた，厚さ dx の平板内への溶質原子の流入と流出を考える。x 位置の濃度を c，$x+dx$ 位置の濃度を $c+dc$，$\partial c/\partial x > 0$ と仮定する。したがって，拡散は負の方向となる。面 x における拡散流束（x を通して平板から流れ出る溶質の量 J_x）はフィックの第1法則から

$$J_x = -D\left(\frac{\partial c}{\partial x}\right)_x \tag{4.3}$$

となり，面 $x+dx$ における拡散流束（$x+dx$ を通して平板内に流れ込む溶質の量 J_{x+dx}）は

$$J_{x+dx} = -D\left(\frac{\partial c}{\partial x}\right)_{x+dx} = -D\left(\frac{\partial c}{\partial x}\right)_x - \frac{\partial}{\partial x}\left\{D\left(\frac{\partial c}{\partial x}\right)_x\right\}dx$$

4.2 体拡散（格子拡散）の素過程

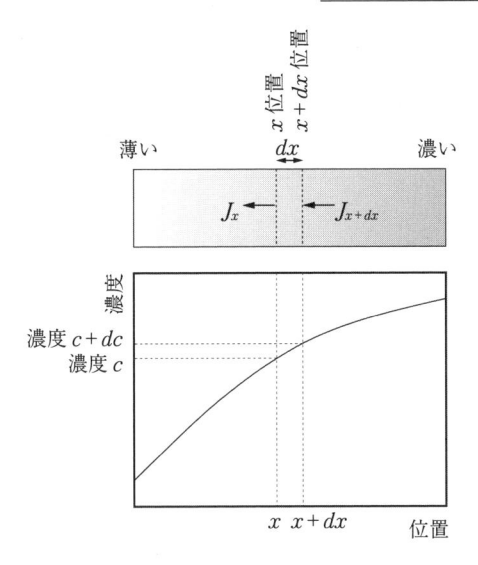

図 4.3 棒状試料中の拡散

$$= J_x + \left(\frac{\partial J}{\partial x}\right)_x dx \tag{4.4}$$

となる。J_x と J_{x+dx} との差は，厚さ dx の平板における拡散原子濃度の変化する速さであるので，単位時間に体積 $dx \times 1$ の微小部分に集まる拡散原子の量 $(\partial c/\partial t) \cdot dx$ となり

$$J_x - J_{x+dx} = -\left(\frac{\partial J}{\partial x}\right)_x dx = \frac{\partial}{\partial x}\left(D\frac{\partial c}{\partial x}\right)dx = \left(\frac{\partial c}{\partial t}\right)dx \tag{4.5}$$

よって

$$\frac{\partial c}{\partial t} = \frac{\partial}{\partial x}\left(D\frac{\partial c}{\partial x}\right) \tag{4.6}$$

D が濃度に依存せず一定としてよい場合は

$$\frac{\partial c}{\partial t} = D\frac{\partial^2 c}{\partial x^2} \tag{4.7}$$

となる。ここで，偏微分を用いた理由は，ある時間において濃度 c が位置 x により変化することと，ある位置 x において濃度 c が時間 t とともに変化することとを区別するためである。

4.2.3 拡散の機構

つぎに，原子間のジャンプについて考えることとする．ここでは二つのことを考慮する必要がある．一つはジャンプ時の過程，もう一つはジャンプする先の状態である．

ある原子位置から隣の原子位置へとジャンプするとき，拡散する原子は一時的にポテンシャルの高い位置に存在することになる．したがって，系のエネルギーは一時的ではあるが増加することになり，これを乗り越えるために熱エネルギーによる補助が必要となる．

ある原子位置 (A) から隣の原子位置 (B) に原子がジャンプする場合，B位置に別の原子が存在すると，ジャンプはきわめて困難である．これに対し，**図4.4**に示すようにBには原子がない状態，すなわちBが空孔である場合，ジャンプは可能となる．したがって，ジャンプの頻度は空孔の濃度に支配される．

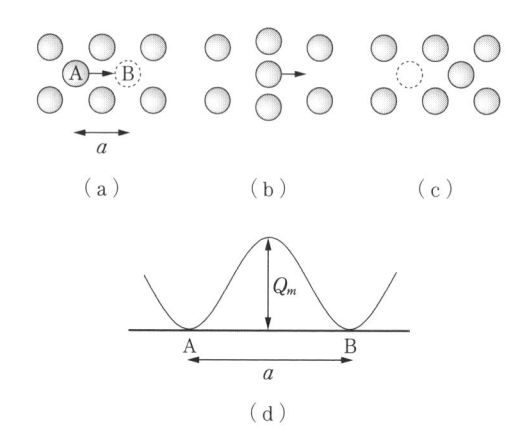

図 4.4 空孔機構による原子の拡散

3.1節でも述べたように，点欠陥である空孔濃度は温度の上昇に伴って増加する．さらに，原子のジャンプが起こるためには，超えなければならないエネルギーの山が存在し，これを**原子移動の活性化エネルギー**（activation energy for atom migration）Q_m，または単に**移動エネルギー**（migration energy）と呼ぶ．このエネルギーの山を乗り越える際には，原子は熱振動の助けを借りてエ

ネルギーの山を乗り越える．この過程を，**熱活性化過程**（thermal activation process）という．熱活性化過程は温度が高いほど，また時間が長いほど起こりやすい．

したがって，拡散は格子間の原子のジャンプの際に乗り越えるべき高エネルギー状態と，空孔の形成のためのエネルギーによって支配され，拡散係数は以下のような温度の関数として記述される．

$$D_\mathrm{v} = D_0 \exp\left(-\frac{Q}{RT}\right) \tag{4.8}$$

ここで，D_0 は**振動数因子**（frequency factor, pre-exponential factor），Q は**体拡散の活性化エネルギー**（activation energy for volume diffusion）と呼ばれ，定常状態と遷移状態のエネルギー差が乗り越えるべき活性化エネルギー Q_m と，空孔形成のエネルギー Q_v との和となる．このことについては 4.4 節で詳しく説明する．

ここで活性化エネルギーの単位について述べておこう．上式では，Q は結晶を構成する原子 1 mol 当りに割り付けられた活性化エネルギー〔J/mol〕を表している．一方，E が原子 1 個当りの活性化エネルギー〔J〕を表すと定義するならば，拡散係数は気体定数 R をアボガドロ定数 $N_\mathrm{A} = 6.02 \times 10^{23}$ で除したボルツマン定数 k $(= R/N_\mathrm{A})$〔J/K〕を用いて

$$D_\mathrm{v} = D_0 \exp\left(-\frac{E}{kT}\right) \tag{4.9}$$

のように書ける．当然ながら $Q = N_\mathrm{A} E$ である．以下では通例にしたがって原子 1 mol か 1 個のどちらかを用いるので，混乱のないように気を付けてほしい．

格子がもともと乱れているいわゆる欠陥構造，すなわち転位芯，表面および粒界における拡散は，原子移動の活性化エネルギーが相対的に小さく，また空孔がすでに多量に存在するため，拡散がより容易になると考えることができる．一般にこれらの拡散の活性化エネルギーは体拡散の活性化エネルギーの 1/2 ～ 2/3 程度であると実験的な測定から報告されている．

拡散現象は D_0 と Q を実験的に決定することが理解の足掛かりとなる。式 (4.8) の両辺の自然対数をとると

$$\ln D = \ln D_0 - \frac{Q}{RT} \tag{4.10}$$

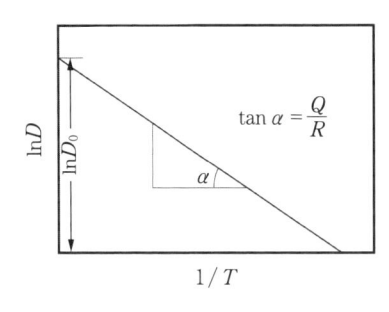

となり，$\ln D$ が温度 T の逆数に比例することがわかる。ここで比例定数は $-Q/R$ である。したがって，異なる種々の温度での D 値を調べることで D_0 と Q を求めることができる。**図 4.5** のようなデータ整理手法を**アレニウスプロット**（Arrhenius plot）と呼び，活性化エネルギーを求める一般的な手段として用いられる。

図 4.5 拡散係数の対数と温度の逆数の関係（アレニウスプロット）

金属中の原子の拡散係数の温度依存性を**図 4.6** に示す。図のように，温度が高いほど拡散係数は大きく，拡散係数の対数と温度の逆数とには直線関係が

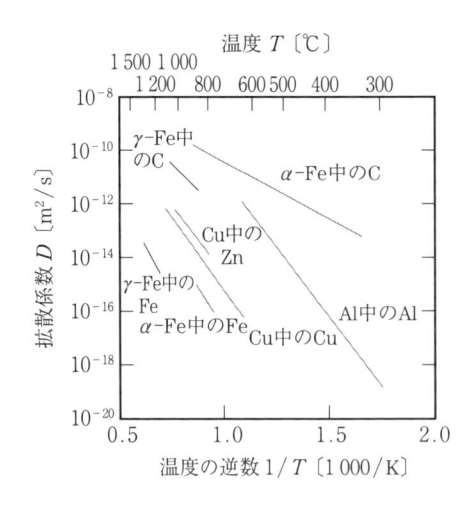

図 4.6 金属中の原子の拡散係数の温度依存性

認められる。同じ Fe でも,結晶構造が異なると拡散係数に差があることに注意してほしい。すなわち,bcc 構造である α-Fe 中の原子の拡散係数のほうが,fcc 構造である γ-Fe 中の原子のそれに比べて大きい。これは,2.4 節で学んだ原子の充塡率と関連しており,隙間の多い bcc 構造中の原子の移動がより容易になる。原子の溶解度は 3.5.1 項で学んだ隙間半径に影響を受けるが,拡散に関しては原子の充塡率と密接な関係がある。

4.3 応 用 例

固体内の拡散が完全にフィックの法則に従う場合,拡散に伴うある場所の濃度変化は,フィックの第 2 法則を表す微分方程式を,それぞれの境界条件のもとで解けば得られる。

まず,定常的な拡散を考えてみる。長さ方向のみに濃度勾配がある物体を想定し,長さ方向のみ,すなわち 1 次元的な拡散が起こって定常状態(ある場所の濃度が時間によって変化しない)にあると考える。フィックの第 1 法則を適用すると

$$J = -D\frac{dc}{dx} = \text{const} \tag{4.11}$$

$$c = Ax + B \tag{4.12}$$

となり,フィックの第 2 法則を適用すると

$$\frac{\partial c}{\partial t} = D\frac{\partial^2 c}{\partial x^2} = 0$$

$$\frac{\partial c}{\partial x} = A \tag{4.13}$$

よって

$$c = Ax + B \tag{4.14}$$

となり,濃度 c は x の 1 次式である,という同一の関係を得ることができる。

今度は,図 4.7(a)のように 2 種の金属 A と金属 B とを接触させ,高温にしてたがいに拡散を生じさせた場合を考える。A の濃度を c とする。接触面を

(a) 金属A | 金属B

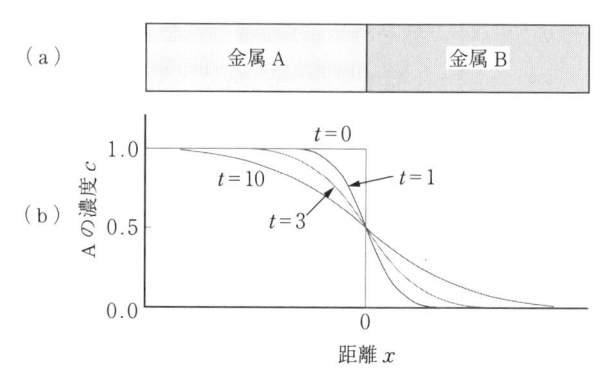

(b) Aの濃度 c

図 4.7 接触する異種金属間の拡散

原点にとると，$t=0$ では

 $x<0, \ c=1$

 $x>0, \ c=0$

である。この条件のもとフィックの第2法則を解くと，ある場所 x の時間 t における濃度 c は

$$c = \frac{1}{2}\left\{1 - \frac{2}{\sqrt{\pi}}\int_0^{\frac{x}{2\sqrt{Dt}}} e^{-y^2} dy \right\} \tag{4.15}$$

となる。式 (4.15) の右辺のカッコの中の第2項は，**誤差関数**（error function）と呼ばれる積分で

$$\frac{2}{\sqrt{\pi}}\int_0^z e^{-y^2} dy = \mathrm{erf}(z) \tag{4.16}$$

と記される（**表 4.1**）。この積分は，一連の z の値に対して数値が計算されて

表 4.1 ガウスの誤差関数

z	erf (z)	z	erf (z)	z	erf (z)
0	0	0.8	0.742	1.6	0.976
0.1	0.112	0.9	0.797	1.7	0.984
0.2	0.223	1	0.843	1.8	0.989
0.3	0.329	1.1	0.88	1.9	0.993
0.4	0.428	1.2	0.91	2	0.995
0.5	0.52	1.3	0.934	2.2	0.998
0.6	0.604	1.4	0.952	2.4	0.999
0.7	0.678	1.5	0.966		

いて，その値もしくは近似式を用いれば図 4.7（b）が描画できる。これにより濃度の時間変化を得ることができる。なお $t=\infty$ では均質になる。

つぎに，金属 B 中にガス A が拡散する場合を考える。**図 4.8（a）**に示すように金属 B にガス A を接触させ，高温にして拡散を生じさせる。このとき，ガス A を構成する分子は原子となり，金属 B に固溶する。そのため金属 B 中の A の濃度は表面において最大となり，その温度でガス A と平衡する固溶限 c_0 に保たれると考えることができる。接触面を原点にとり，それと垂直に x 軸をとる。濃度 c で金属 B 中の A の濃度を表すと

　　　$t=0$ では $x>0$ において $c=0$

また，つねに

　　　$x=0$ において $c=c_0$

である。この条件のもとにフィックの第 2 法則を解くと，ある場所 x の時間 t における濃度 c は

$$c = c_0 \left\{ 1 - \frac{2}{\sqrt{\pi}} \int_0^{\frac{x}{2\sqrt{Dt}}} e^{-y^2} dy \right\} \tag{4.17}$$

$$\therefore \quad \frac{c}{c_0} = 1 - \mathrm{erf}\left(\frac{x}{2\sqrt{Dt}} \right) \tag{4.18}$$

となる。この式も，同様に数値的に解くことができる。この場合の濃度分布曲線の時間的な変化を，図（b）に示す。式（4.18）は，結局 $x/2\sqrt{Dt}$ の値によって c/c_0 の値が決まる。したがって，$x/2\sqrt{Dt}$ の値に対して c/c_0 の値をプロットすれば，図（b）の曲線群は 1 本の曲線で示される。

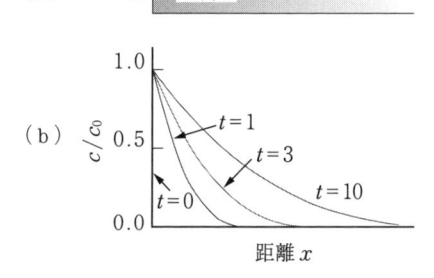

図 4.8 接触面の濃度が一定の場合の拡散

4.4 拡散の原子論的検討

つぎに再び単位断面積の丸棒を考える。このとき，x軸に沿って濃度勾配 dc/dx が生じていたものとする。ただし，この丸棒は単純立方格子の単結晶であり，濃度勾配の生じているx軸が $\langle 100 \rangle$ 方向であったとする。図4.9に示すように，溶質原子がx軸に垂直な原子面から格子定数aだけ離れたつぎの原子面に，原子のジャンプ頻度fで移動する場合を考える。この場合，ジャンプの距離はつねにaとなる。

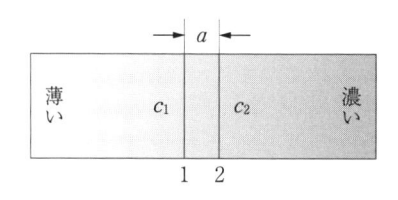

図4.9 ジャンプによる原子の拡散

このとき，面1から面2にジャンプする原子数と面2から面1へとジャンプする原子数との差が正味の拡散による原子の流れととらえる。aだけ離れた二つの原子面1および2にある溶質原子の数をそれぞれn_1およびn_2とすると

$$n_1 = ac_1, \quad n_2 = ac_2 \tag{4.19}$$

となる。単位時間に面1を抜け出す原子数は$n_1 f$であるので，面1から面2へジャンプするのは$0.5 n_1 f$となり，同様に面2から面1へジャンプするのは$0.5 n_2 f$となる。したがって

$$J = 0.5(n_1 - n_2)f = 0.5af(c_1 - c_2) \tag{4.20}$$

ここで，濃度差 $c_1 - c_2$ を濃度勾配を用いて表すと

$$c_2 = c_1 + a\left(\frac{\partial c}{\partial x}\right) \tag{4.21}$$

と書ける。ゆえに

$$J = -\frac{1}{2}a^2 f \frac{\partial c}{\partial x} \tag{4.22}$$

となる。これと式(4.1)とを比較すると，単純立方格子の1次元の拡散の場

合，拡散係数 D_v は

$$D_v = \frac{1}{2}a^2 f \tag{4.23}$$

となる。また，単純立方格子で3次元の場合，**図4.10**に示すように

$$D_v = \frac{1}{6}a^2 f \tag{4.24}$$

となる。これに対し，fcc格子およびbcc格子を3次元で考えた場合，最近接原子間距離はそれぞれ $a/\sqrt{2}$ および $\sqrt{3}\,a/2$ となるため，拡散係数は以下となる。

$$D_v = \frac{1}{12}a^2 f \quad (\text{fcc格子，3次元の場合}) \tag{4.25}$$

$$D_v = \frac{1}{8}a^2 f \quad (\text{bcc格子，3次元の場合}) \tag{4.26}$$

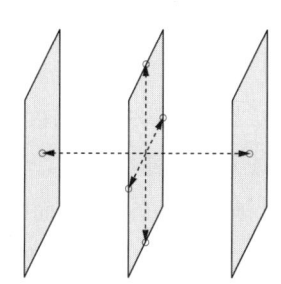

図4.10 単純立方格子における可能なジャンプ

ここで，原子のジャンプ頻度 f について考察してみよう。個々の原子は振動数 ν（$\sim 10^{13}/\text{s}$）で振動している。4.2.3項で述べたように，原子が隣の原子位置にジャンプする際には，原子移動の活性化エネルギー Q_m を乗り越えなければならない。この Q_m を乗り越える確率は

$$\exp\left(-\frac{Q_m}{RT}\right) \tag{4.27}$$

に比例する。また，隣に空孔がなければジャンプすることはできないので，ジャンプ頻度は空孔の平衡濃度 c_v を用いて

$$f = z\nu c_v \exp\left(-\frac{Q_m}{RT}\right) \tag{4.28}$$

と書けるであろう。ここで z は原子がジャンプする先の原子位置の数であり，単純立方格子では 6，fcc 格子では 12，bcc 格子では 8 となる。空孔の平衡濃度 c_v は，3.1.1 項で学んだように空孔形成のエネルギー Q_v を用いて

$$c_v = c_0 \exp\left(-\frac{Q_v}{RT}\right) \tag{4.29}$$

と書ける。これらを使って拡散係数は

$$D_v \propto z\nu \exp\left(-\frac{Q_m + Q_v}{RT}\right) \tag{4.30}$$

と書ける。よって，式 (4.8) で示した拡散の活性化エネルギー Q は，原子移動の活性化エネルギー Q_m と空孔形成のエネルギー Q_v との和となることがわかる。

4.5 相互拡散とカーケンドール効果

通常，A-B 合金中の A 原子の拡散係数 D_A と B 原子の拡散係数 D_B とは異なる。この現象を巨視的に理解できる観察例を示す。図 4.11 のように長方形断面積を有する Cu-30 質量% Zn 合金（黄銅，真鍮）の角棒の表面に細い Mo 線をおき，その周りに Cu を配した材料を加熱する。このとき，濃度勾配を解消するため Cu 原子は黄銅内へ，Zn 原子は Cu 層内へとそれぞれ拡散し，Mo 線の間隔 d は時間 $\sqrt{t}$ に反比例して減少する。Mo は融点が高く，Cu や黄銅へ

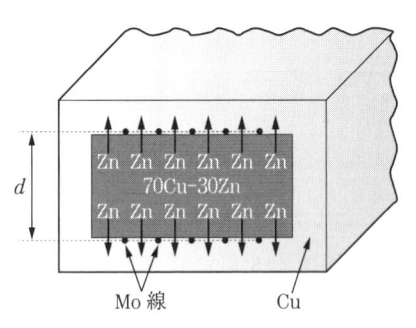

図 4.11　カーケンドール効果の模式図

は固溶しないため，加熱前の境界面の位置を示すマーカーとなっている。このマーカーの移動は Cu の原子半径と Zn の原子半径とのわずかな差に起因する体積変化からは説明できない。したがって，境界面を抜ける Zn 原子のほうが Cu 原子より多いことを意味する。以上の現象を**カーケンドール効果**(Kirkendall effect) という。

4.6　侵入型原子の拡散挙動

これまでは主として置換型原子の拡散挙動を述べてきた。しかし，鋼中の炭素や窒素のように，主要構成元素と比べてサイズが小さく，原子と原子の隙間に存在できる侵入型原子の拡散挙動は，7 章で述べるコットレル雰囲気形成過程などで重要な役割を担う。侵入型原子の存在位置はそのほとんどがなにも存在しない空隙である。これは原子の拡散に必要な空孔が大量に用意されていることに等しく，一般に侵入型原子の拡散はとても速い。同温度で比較すると，図 4.6 からもわかるように侵入型原子のほうが拡散係数が 1 ないし 2 桁大きく，拡散がたいへん速いことがわかる。

◇　演　習　問　題　◇

4.1 拡散には必ずなんらかの格子欠陥が関与する。関与する格子欠陥をあげ，その拡散機構を答えよ。

4.2 773 K (500 ℃) において，ガス中でパチンコ玉に浸炭を行った。このとき，炭素濃度が 0.01 質量%以上となる層を 100 μm 作りたい。必要な保持時間を求めよ。ここで，$c_0 = 0.02$ 質量%，773 K における炭素の拡散係数は 4.28×10^{-12} [m²/s]，$\mathrm{erf}(0.477) = 0.5$ である。

4.3 Fe (鉄) への固溶原子として代表的な物に Ni (ニッケル) と C (炭素) がある。

（1） Fe の原子半径は 0.124 nm，Ni は 0.125 nm，C は 0.07 nm である。Ni および C はどのような形態で Fe 中に固溶すると考えられるか。

（2） Fe 中の Ni の拡散における振動数因子は 4.2×10^{-3} [m²/s]，活性化エネル

ギーは268×10^3〔J/mol〕である。また，Cの振動数因子は2.0×10^{-6}〔m²/s〕，活性化エネルギーは1.39×10^{-19}〔J〕である。

気体定数Rは8.314〔J/K mol〕，ボルツマン定数は1.384×10^{-23}〔J/K〕として，それぞれ873 K（600℃）における拡散係数を算出して，その比較を行え。

4.4 拡散係数Dの温度依存性に関するつぎの実験結果がある（**表4.2**）。拡散の活性化エネルギーと振動数因子とを求めよ。ただし，気体定数$R=8.314$〔J/K mol〕として計算せよ。

表4.2

T〔℃〕	730	845	985	1 150
D〔m²/s〕	10^{-15}	10^{-14}	10^{-13}	10^{-12}

4.5 500℃および600℃におけるアルミニウム中の銅の拡散係数はそれぞれ4.8×10^{-14} m²/sおよび5.3×10^{-13} m²/sである。600℃で10時間の熱処理中に生じた拡散を500℃で生じさせるには何時間の保持が必要か計算せよ。

4.6 結晶粒界では粒内に比べて拡散速度が速い理由について論ぜよ。また，粒界拡散以外の高速拡散をあげよ。

4.7 厚い鉄板を930℃で浸炭するとき，浸炭開始後，10時間たったときの表面から1 mmおよび2 mmの位置の炭素濃度を算出する。ただし，鉄板の初期炭素濃度は0，表面の炭素濃度はつねに1.3質量％，930℃でのγ-Fe中のCの拡散係数は1.5×10^{-11} m²/sとする。括弧内をうめよ。

　このときの初期条件は，$t=0$のとき$x>0$で$c=$（①），$x=$（②）のところで$c=1.3$％となる。

　この条件のもと，（③）を解けば

$c/1.3=1-\mathrm{erf}(x/2\sqrt{Dt})$

となる。ここで，erfは（④）と呼ばれ，$x=1$ mmおよび$x=2$ mmのとき$x/2\sqrt{Dt}$を計算すると，それぞれ（⑤）（⑥）となる。したがって，表4.1よりerf（⑤）およびerf（⑥）はそれぞれ（⑦）（⑧）となるので，表面から1 mmおよび2 mmの位置の炭素濃度はそれぞれ（⑨）（⑩）と求められる。

5

熱力学と相変化

6章では状態図について学ぶが,そのためには熱力学の基礎と相変化についての若干の知識が必要である.本章では,状態図を学習するのに必要な最小限の熱力学と凝固現象を通じて相変化について学ぶ.

5.1 系,相,状態変数の定義

系(system)とは,関心をもっている対象物あるいは領域のことをさし,物質量(組成,モル数),温度,圧力などの変数によってその状態を記述する.物質の状態は個別の原子の有する性質としてではなく,**相**(phase)の状態として取り扱うと都合がよい.相とは,内部が均一な状態の領域を意味し,状態(構造など)が異なれば同じ物質でも異なった相として扱う.**気相**(gas phase),**液相**(liquid phase)および**固相**(solid phase)はたがいに異なる相であり,水を例にあげると,水蒸気と水と氷では別の相と考える.また,鉄の場合,固体の状態であっても温度によってfccとbccの2種類の結晶構造をとることができ,結晶構造が異なる2種類の固体の鉄もそれぞれ異なった相として扱う.一方,系を構成する物質の種類は**成分**(component)と呼ばれ,材料中の成分の量比を**化学組成**(chemical composition)または単に**組成**(composition),あるいは一つの成分割合に着目して**濃度**(concentration)という.氷水は氷という固相と水という液相からなるので1成分2相,塩水は完全に塩が水に溶けきっている場合は塩水という液相だけのため2成分1相となり,水中に塩が飽和し,溶け残っている状態では塩水という液相と塩という固相の2成分2相となる(**図5.1**).

氷水…1成分2相
(a)

飽和していない塩水
…2成分1相
(b)

飽和して塩が溶け残った塩水
…2成分2相
(c)

図 5.1　成分と相の考え方

　熱力学的状態変数を操作することで，系の状態を変化させることができる。状態変数には，機械的状態変数，電気的状態変数，重力あるいは表面などのポテンシャルも入るが，平衡状態図を取り扱う場合は通常，温度，圧力，組成を考えればよい。温度，圧力および組成は**示強変数**（intensive variable）と呼ばれ，系（対象とする物質）の量が倍になっても値は倍にならない。これに対して，**示量変数**（extensive variable）と呼ばれるものがある。体積や質量がこれに当り，系（対象とする物質）の量が倍になれば，示量変数である各相の体積や質量の値も倍になる（**図 5.2**）。

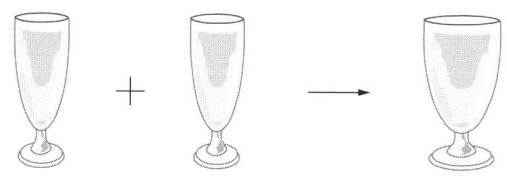

50℃，濃度5%の塩水，250 ml　＋　50℃，濃度5%の塩水，250 ml　→　50℃＋50℃ ≠ 100℃
5%＋5% ≠ 10%　｝示強変数
250 ml＋250 ml＝500 ml　示量変数

図 5.2　示量変数と示強変数

　十分な時間が与えられれば，エネルギー最小の状態が実現される。なお，ここで使ったエネルギーという言葉は，5.3節で説明する「系の自由エネルギー」である。温度や圧力や組成の変化は系の状態を変え，結果として自由エネルギーを最小とする相構成や相組成が変化する。例えば温度上昇による塩の水への溶解度変化もこの一例である。

5.2 熱力学の基本法則

5.2.1 熱力学の第1法則

孤立系のもつエネルギー総量は一定である（保存される）。これを**熱力学の第1法則**（the first law of thermodynamics）という。この法則は，系の内部エネルギーに変化があれば，それは外から入ってきたものである，といい換えることもでき，式で表すと

$$\Delta E = \Delta Q - \Delta W \tag{5.1}$$

となる。ここで，ΔE は系の内部エネルギーの変化，ΔQ は吸収した熱エネルギー（系に入った全熱量），ΔW は系のなした仕事（ある変化の間に外に対してした全仕事量）である。ここで，系が外界に対して純粋な機械仕事のみを行うとして，圧力 P の外界と接する系の体積が ΔV だけ変化する場合を考えると

$$\Delta E = \Delta Q - P \Delta V \tag{5.2}$$

となる。この式の ΔQ, P および ΔV は測定可能である。ある閉じた系を，ある初期状態から最終状態まで，どのような経路，過程をとってもきても，系の吸収した熱エネルギーと過程中に系のなした仕事を測れば，ΔE は経路にかかわりなく一定である。

5.2.2 熱力学の第2法則

熱力学の第2法則（the second law of thermodynamics）は**エントロピー**（entropy）増大則であり，変化の不可逆性を数学的に表したものである。ここで，エントロピーは無秩序の度合いを表す量であり，熱エネルギーの流入流出がなくても，自然界はエントロピーを増大させるような方向に変化を起こす。**配列のエントロピー**（configurational entropy）S は以下で求められる。

$$S = k \times \ln(W) \tag{5.3}$$

ここで，k はボルツマン定数，W は系のマクロな状態を実現できる微視的状態の数である。すなわち，系のマクロな状態に差がなくても，その内部では種々

のミクロな配列をとることが可能である。これらのミクロな配列の「場合の数」が W となる。

例として図5.3のように，9個の格子点を考えてみよう。もしも，この格子点がすべて同じものに占有された場合，その場合の数 W は1である（図(a)）。しかし，違うものが一つだけ入ったときには場合の数 W は9に（図(b)），二つとなると場合の数 W は36にもなる（図(c)）。1モルの物質が $6×10^{23}$ 個の原子で構成されていることを考えると，純物質に不純物原子が混入することにより，場合の数がいかに急激に増加するかが理解できるであろう。3.1.1項で示したように，ある濃度の点欠陥が導入された物質においては，さまざまな点欠陥の配列がとり得る。

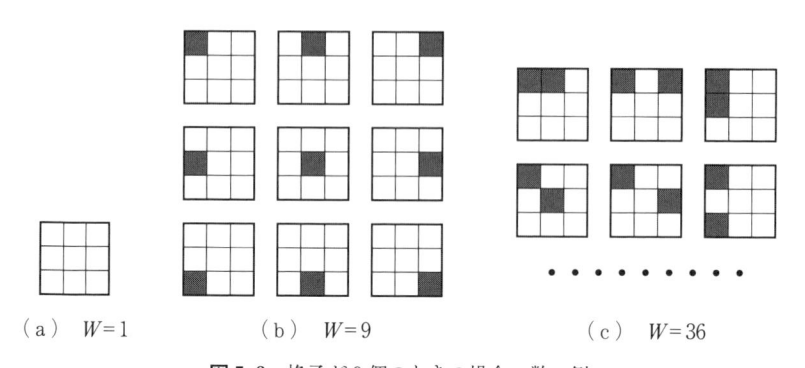

(a) $W=1$　　(b) $W=9$　　(c) $W=36$

図5.3　格子が9個のときの場合の数の例

温度 T の系に外界から ΔQ の熱が流れ込んだとき，系のエントロピーの変化 ΔS は

$\Delta S = \Delta Q/T$　（可逆過程）　　　　　　　　　　　　　　　(5.4)

$\Delta S > \Delta Q/T$　（不可逆過程）　　　　　　　　　　　　　　(5.5)

と表される。例えば，固体の融解に必要な ΔQ は固体の原子配列が液体の原子配列になるためのエントロピー変化と一致する。

熱力学の第1法則は，単に任意の変化においてエネルギーが一定に保たれることを要求しており，変化の方向を規定するものではない。これに対し，熱力学の第2法則は，直接，変化する方向を示す。

5.2.3 熱力学の第3法則

すべての完全結晶は，絶対零度においてエントロピーが0である。これを**熱力学の第3法則**（the third law of thermodynamics）といい，式で表すと以下になる。

$$[S]_{T=0} = 0 \tag{5.6}$$

5.3 平衡状態，自由エネルギー

ある物質からなる系に対して外界の条件を一定に保ったとき，系の状態が時間とともに変化しないならば，その状態は**平衡状態**（equilibrium state）であるという。熱力学の第1法則と第2法則とを結合すると，非常に有用な関係式が得られる。まず，仕事 ΔW が体積変化 dV によるもののみの場合，熱力学の第1法則より

$$dE = dQ - PdV \tag{5.7}$$

また，熱力学の第2法則より

$$dS \geqq dQ/T \quad (等号：可逆過程，不等号：不可逆過程) \tag{5.8}$$

よって

$$dE + PdV - TdS \leqq 0 \tag{5.9}$$

となる。

まず，定温定圧の系を考える。相変化を例にとれば，試料の体積 V の変化や内部の原子の配列変化に伴う S の変化があり得るので，このとき

$$d(E + PV - TS) \leqq 0 \tag{5.10}$$

となる。この関係を基に**自由エネルギー**（free energy）という概念を導入してみる。系の内部エネルギーは，仕事として自由に利用できるエネルギー（自由エネルギー）と，できないエネルギー（束縛エネルギー）とに分けられる。温度とエントロピーの積の項が仕事として自由に利用できない束縛エネルギーである。したがって，この場合の自由エネルギーは

$$G = H - TS = E + PV - TS \tag{5.11}$$

となり，これは**ギブスの自由エネルギー**（Gibbs free energy）と呼ばれる。ここで，Hは**エンタルピー**（enthalpy）であり，系と熱浴（熱溜）との間のエネルギー移動に相当する内部エネルギーEに，圧力がなす仕事PVを加えたものである。これによって，V（体積）やS（エントロピー）の変化が起きる相変態についても議論をすることが可能となる。式 (5.10) より，温度，圧力を一定に保った系ではギブスの自由エネルギーが減少する方向に変化が進むことがわかる。

これに対し，定温定容の系では圧力による仕事が存在しないことより$\Delta(PV)$項が存在しないため

$$d(E-TS) \leqq 0 \tag{5.12}$$

となるので，**ヘルムホルツの自由エネルギー**（Helmholtz free energy）

$$F = E - TS \tag{5.13}$$

を用いれば，温度，容積を一定に保った系ではヘルムホルツの自由エネルギーが減少する方向に変化が進む，と記述できる。一般的には圧力一定の状況下での変化を取り扱うことが多いため，ギブスの自由エネルギーを用いることが多い。

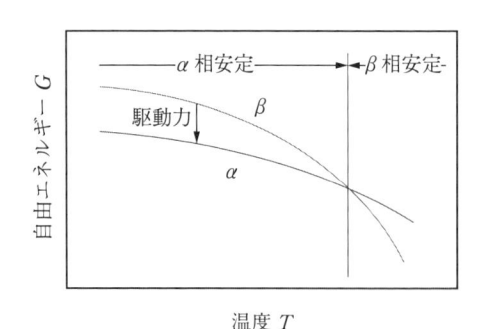

図5.4はα相とβ相の自由エネルギーの温度依存性を示す。自由エネルギーが減少する方向に変化が進むので，α相の自由エネルギーがβ相の自由エネルギーに比べて低い温度域ではα相が安定であり，β相の自由エネルギーがα相の自由エネルギーに比べて低い温度域ではβ相が安定である。図のようにβ相とα相との自由エネルギー差はβ相からα相への相変態における**駆動力**

図5.4 α相とβ相の自由エネルギーの温度依存性

(driving force) となり，自由エネルギーの差が 0 である状態では両相が平衡的に共存する．

5.4 平衡状態図と相律

5.4.1 置換型固溶体の自由エネルギー

金属 A および金属 B からなる置換型固溶体の自由エネルギーは

$$\begin{aligned}
G &= c_A G_A + c_B G_B + \Omega c_A c_B - T\Delta S_m \\
&= c_A G_A + c_B G_B + \frac{zN}{2} v c_A c_B + RT[c_A \ln c_A + c_B \ln c_B] \\
&= c_A G_A + c_B G_B + \frac{zN}{2}\left(v_{AB} - \frac{v_{AA} + v_{BB}}{2}\right) c_A c_B + RT[c_A \ln c_A + c_B \ln c_B]
\end{aligned} \tag{5.14}$$

で表される．ここで，G_A, G_B は各純物質の自由エネルギー，Ω は相互作用パラメーター（混合のエンタルピー），ΔS_m は混合のエントロピー，c_A および c_B はそれぞれ成分原子 A および B の濃度分率，v_{AA}, v_{BB} および v_{AB} はそれぞれ A-A，B-B および A-B 原子対相互作用エネルギー，k はボルツマン定数，N は原子の総数そして z は配位数である．ここで

$$v = v_{AB} - \frac{v_{AA} + v_{BB}}{2} \tag{5.15}$$

とすると，$v=0$ とは，結晶の内部エネルギーが A，B 両原子の配列状態に依存しないことを表し，性質の似た金属の間ではこの状態に近くなる．$v>0$ では $v_{AB} > (v_{AA} + v_{BB})/2$ となり，A-A および B-B 原子対をとったほうが A-B 原子対をとるよりエネルギー的に得であることを意味する．これに対し，$v<0$ すなわち $v_{AB} < (v_{AA} + v_{BB})/2$ の場合には，逆に A-B 原子対をとったほうが A-A および B-B 原子対をとるよりエネルギー的に安定となる．なお式 (5.14) は，結晶構造ごとに異なる G_A, G_B, Ω からなることに注意する．

ある組成の合金の最低の自由エネルギーを考えた場合，均一固溶体の自由エ

ネルギー曲線の上の一点で与えられるときは均一な固溶体を形成する。これに対し，二つの相の共通接線上の一点で与えられる場合は 2 相の混合物となる。図 5.5（a）は相互作用エネルギーを変化させたときの混合のエンタルピーの合金組成依存性を，図（b）は混合のエントロピー $-TS_m$ の温度および合金組成依存性を示す。両者の和，すなわち自由エネルギーはある温度において，図（c）のような組成依存性となる。

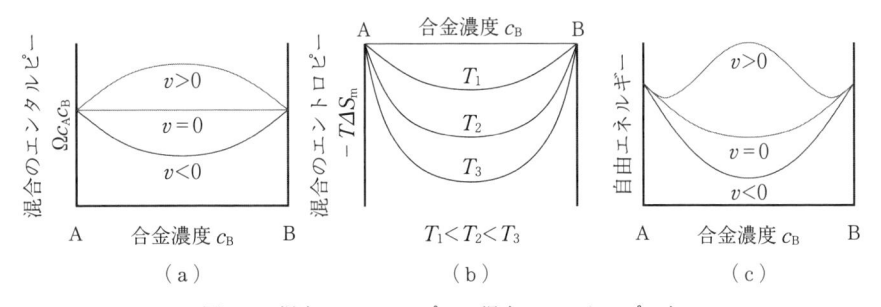

図 5.5 混合のエンタルピー，混合のエントロピーと自由エネルギーの関係

図（c）の $v<0$ のような自由エネルギー曲線の場合，全組成域において二つの相に分かれるよりも単相であったほうがエネルギー的に安定である。これに対し，$v>0$ のような自由エネルギー曲線の場合，共通接線を引き，おのおのの接点の組成をもつ二つの相に分かれてそれらの混合体を形成するほうが，その組成の単一相として存在するより自由エネルギーが低い[†]。

5.4.2　相　　　　律

これまで，自由エネルギーを最低とする相構成が実現される平衡状態について議論してきた。例えば塩水においては，温度が少しぐらい変わっても水と氷が共存する。では，この場合は原理的にいくつの相が共存できるであろうか。

一つの系を構成する成分の数 c と，その系の中に存在する相の数 p，および

---

† ここでは共通接線を引く対象が同一結晶構造であることから，おのおのの接点の組成をもつ「同一の結晶構造であるが異なる組成」の二つの「相」に分かれてそれらの混合体を形成することとなる。

温度といった系の状態を決定する変数の数 f との間に，つぎのような**ギブスの相律**（Gibbs phase rule）が成り立つ．

$$p+f=c+2 \tag{5.16}$$

ここで，f は**自由度**（degree of freedom）とも呼ばれ，自由度が 0 の場合は c と p を変えずに系の状態を変えることができないことから**不変系**（invariant system）と呼ぶ．

材料科学分野では，圧力一定のもと（大気圧下）での固相や液相の状態変化を調べることが多い．そのため，圧力をあらかじめ独立変数から除外した凝縮系で考えてもよい．この場合，相律は以下となる．

$$p+f=c+1 \tag{5.17}$$

不変系の反応においては，組成が与えられた場合，決まった温度で反応が生じることになる．これは，われわれが変えられるものがないことを意味する．逆に 2 成分系合金の凝固する温度を考えた場合，成分の数 c が 2，相の数 p が 2 であるので，$f=2-2+1=1$ となり，凝固がある唯一の温度で生じるわけではないことがわかる．塩水においては，成分の数 c は水と塩の 2 である．塩を含んだ水と氷とが共存する場合，相の数 p が 2 であるため f は 1 となり，温度を変えることが許されることとなる．

5.5　金属の凝固と凝固後の組織

5.5.1　純金属の凝固温度と核形成

ギブスの相律によると，純金属においては，一定温度のみにて固相と液相とが平衡に存在しうる．凝固温度あるいは融点（T_M）は液相と固相の自由エネルギーが等しい温度として定義できる．すなわち，**図 5.6** に示すように

$$G_\mathrm{L}=G_\mathrm{S} \quad (G=E-TS+PV=H-TS) \tag{5.18}$$

となる．

金属の凝固過程の模式図を**図 5.7** に示す．液相中に小さな固相の核（結晶核）が形成される．この状態を，**核形成**（**核生成**，nucleation）という．この

66　5. 熱力学と相変化

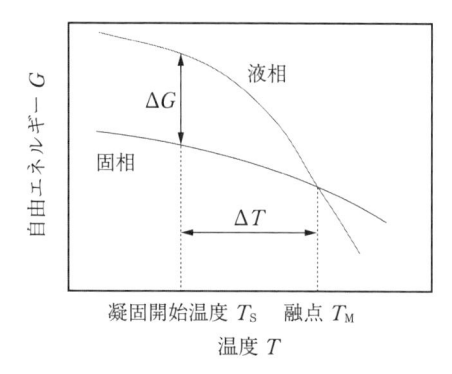

図 5.6　固相と液相の自由エネルギーの温度依存性

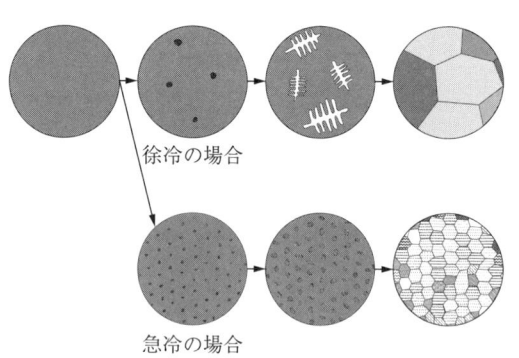

図 5.7　金属の凝固過程

ようにして形成した固相の核が，だんだんと**成長**（growth）していき，すべての液相が固相に置き換わる。これが凝固である。

　液相の中に固相が形成する場合，系には新たに固体と液体の界面（固液界面）が発生する。これに伴い，**界面エネルギー**（interfacial energy）の分だけ系のエネルギーが上昇することになる。半径 r の球状固体粒子 1 個が形成したときの，界面発生に伴う自由エネルギー上昇 ΔG_S は

$$\Delta G_S = 4\pi r^2 \times \gamma \tag{5.19}$$

となる。ここで，γ は単位面積当りの界面エネルギーである。半径 r の球状固体粒子 1 個が形成したときの，系全体の自由エネルギー変化は

$$\Delta G = 4\pi r^2 \gamma - \frac{4}{3}\pi r^3 (\Delta G_v) \tag{5.20}$$

となる。ここで，ΔG_v は単位体積当りの化学的駆動力（固相と液相の自由エネルギー差）である。ΔG と粒子半径 r の関係を図示したのが**図5.8**である。この図から，r^* より小さい固相が液相内に形成した場合，その固相が成長，すなわち半径を増加させると自由エネルギーが増加し，逆に消滅する方向では自由エネルギーが減少することがわかる。このような，r^* よりも小さな固相を**エンブリオ**（**胚**，embryo）と呼ぶ。これに対し，r^* より大きい固相は半径を増大，すなわち成長したときに自由エネルギーが減少する。そのため，凝固の**核**（nucleus）として成り立つのは臨界半径 r^* 以上の粒子である。ここでこのときの自由エネルギー ΔG^* を**核形成の活性化エネルギー**（activation energy for nucleation）と呼ぶ。

$$\frac{dG}{dr}=0 \tag{5.21}$$

より，臨界半径 r^* は

$$r^* = \frac{2\gamma}{\Delta G_v} \tag{5.22}$$

となる。また，核形成の活性化エネルギー ΔG^* は

$$\Delta G^* = \frac{16\pi\gamma^3}{3(\Delta G_v)^2} \tag{5.23}$$

である。界面エネルギー γ が小さく，化学的駆動力 ΔG_v が大きいほど核生成

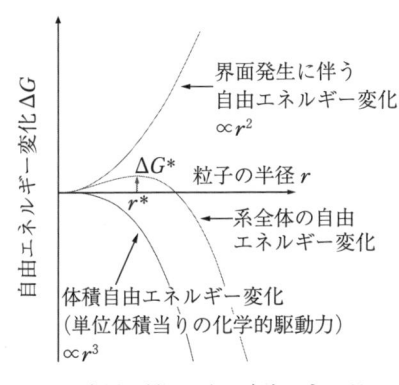

図5.8 金属の凝固の際の自由エネルギー変化

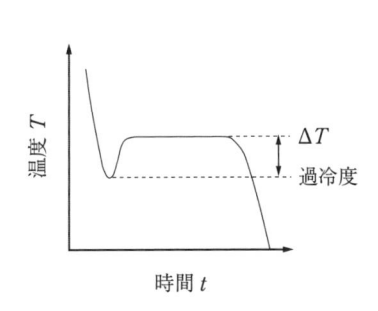

図5.9 凝固時の冷却曲線

が容易となる。

図5.9に凝固中の時間経過に伴う温度変化を示す。このような分析は**熱分析**（thermal analysis）と呼ばれ，物質を加熱あるいは冷却しながら温度を測定し，温度－時間曲線の停止点，あるいは同時に加熱・冷却する標準物質との温度差から，物質の変態点を求める方法である。凝固は本来，液相と固相の自由エネルギーが等しい温度で生じるはずであるが，上式からわかるようにその温度では化学的駆動力 ΔG_v が小さく，そのため活性化エネルギーが非常に大きくなってしまうことから，**過冷**（undercooling）が必要である。凝固が開始すると，凝固潜熱が放出され，次第に融点近くまで温度が上昇し，一定温度で凝固が進行して行く。図5.7における急冷の場合，過冷度は大きくなるため，ΔG_v が大きくなって式 (5.22) および式 (5.23) における r^* と ΔG^* は小さくなり，核形成が容易になる。その結果として，凝固材の結晶粒は微細化される。これに対して，徐冷の場合は過冷度が小さいため核形成が困難になり，わずかな数の核から凝固を開始して組織は粗大になる。

通常，液相の金属が凝固するとき，まず，容器の壁や液体中の介在物のところへ数百から数千個程度の原子が集まってきて，小さな固体の核（結晶核）が形成される（**異質核生成**, inhomogeneous nucleation）。つぎに，この結晶核の表面に液体金属から原子が移動してきて，大きく成長し全体が固体となる。

5.5.2　金属および合金の凝固組織

溶融金属が凝固の際に呈する樹木状の結晶を**デンドライト**（**樹枝状晶**, dendrite）と呼ぶ。その模式図を**図5.10**に示す。金属の優先結晶成長方向は結晶構造によって決まっており，枝分かれの方向もこの方向になる。

図5.11はインゴットのマクロ組織の模式図である。5.5.1項でも述べたように，容器の壁や液体中の介在物のところで小さな固体の核（結晶核）が形成される。インゴットのマクロ組織の形成過程では，この外周部に形成された多数の核が急速に成長し，微細な粒状晶，**チル晶**（chill crystal）が形成する。チル晶のうち，結晶の優先成長方向に近いものが他の結晶より優先して成長し，

図5.10 デンドライトの模式図　　図5.11 金属の凝固組織

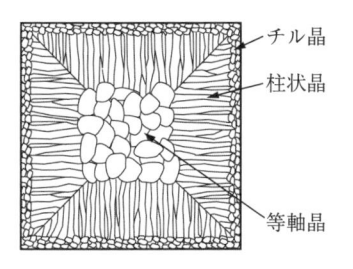

柱状晶（columnar crystal grain）が表れる。柱状晶が成長し続けるためには，温度勾配と成長速度の比が成長に合致しなければならない。最後に，インゴットの中心において，少数の核が均一に形成し，成長する。**等軸晶**（equiaxed crystal grain）がこれにより形成する。

◇ 演 習 問 題 ◇

5.1 ギブスの自由エネルギーの式を書け。あわせて，その際に用いた記号の意味も書くこと。また，ギブスの自由エネルギーがどのようになる方向に変化は起こるかをあわせて答えよ。

5.2 圧力が一定の場合の自由度の式を書け。あわせて，その際に用いた記号の意味も書くこと。

5.3 一気圧のもとでは，水が沸騰する温度は100℃であり，水が完全に蒸発するまでその温度は100℃に保たれる。これを相律を使って説明せよ。また，富士山やエベレストなどの高い山の上では水の沸騰する温度は地上での温度とは異なる。これを相律を使って説明せよ。

5.4 純金属が凝固する際の冷却曲線を描け。冷却曲線は3段階に分かれる。それぞれの段階における自由度を求め，冷却曲線で融点で温度が停滞する理由を考察せよ。

5.5 純金属が凝固する際の凝固核の臨界半径 r^*，ならびに核形成の活性化エネルギー ΔG^* を導出せよ。ここで，固相のサイズを r 〔m〕，液相と固相の界面エネルギーを γ 〔J/m^2〕，液相から固相への変態の駆動力を ΔG_v 〔J/m^3〕とする。

6 平衡状態図

前章では熱力学の基礎的な事項と状態図の関係を学んだ。その中で、ギブスの相律から、二つの構成元素からなる合金の凝固は純物質の凝固とは異なる過程を経由することを示した。このように、複数の元素からなる材料はさまざまな相構成・組織を与えられることによって工業的に有用な実用材料となる。ここではそれらの基礎となる2元系合金の状態図，すなわちA金属とB金属からなる合金の状態図について勉強していく。

6.1 2元系合金の平衡状態図における基本的事項

2元系状態図（binary phase diagram）から得られる情報は、1) ある組成、ある温度において平衡に存在する相がなにであるか，2) 現れた相の濃度はいかほどか、そして、3) それら相の比率である。

図6.1 に2元系状態図の一例を示す。まずこの図を用いて、2元系状態図からなにがわかるかを説明する。状態図の横軸は組成を示しており、質量%（mass%, wt%）もしくはモル%（mol%, at%）である[†]。A-B合金の場合、B金属の濃度が百分率表記されているが、縦軸は温度であり、〔℃〕（degree celcius）もしくは〔K〕（Kelvin）が単位である。

図6.2 に示すように、曲線あるいは直線によって囲まれた領域内では同一の相構成を示す。逆に考えれば、線をまたぐと相構成に変化が生じる。この図の場合、Lは液相を、α はA金属にB金属が固溶した相を、β はB金属にA

[†] 質量百分率（mass%）と重量百分率（wt%）とは、またモル百分率（mol%）と原子百分率（at%）とは同じ値を示す。

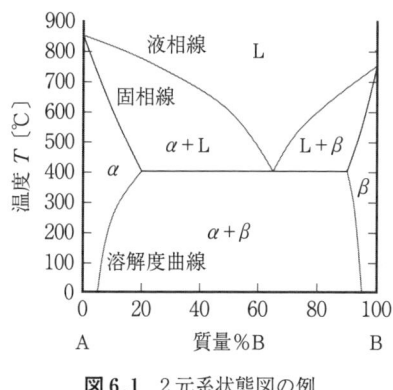

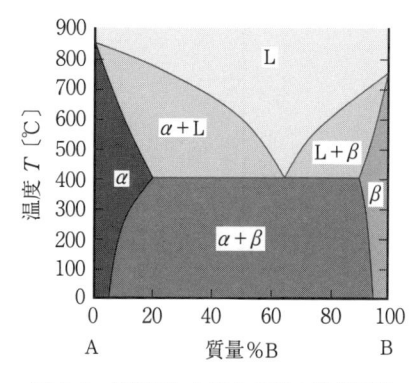

図 6.1 2元系状態図の例　　**図 6.2** 状態図における各相の存在領域

金属が固溶した相を表す。溶融金属から結晶が生成することを**晶出**（crystallization）と呼び，固相から別の固相が生成する**析出**（precipitation）とは区別している。図中の線には名称がついており，冷却によって，凝固が開始する（固相が晶出する）温度を組成ごとに連ねた線を**液相線**（liquidus line）という。加熱により融解が完了する温度でもある。加熱によって，固相の融解が開始する温度を組成ごとに連ねた線を**固相線**（solidus line）といい，これは冷却により凝固が完了する温度でもある。**溶解度曲線**（solubility curve, solvus line）あるいは**固溶限**（solubility limit）は，固体状態の α 相あるいは β 相の中にそれぞれ B 金属あるいは A 金属が溶質元素として溶け込み，固溶体を形成できる限界の濃度を示す。2 相が共存する領域において，各相の量比は「**てこの法則**」（lever rule）によって知ることができる。状態図中の水平な線上では 3 相が共存し，自由度が 0 の反応（**不変系反応**（invariant reaction））を示す。

図 6.3 に示した濃度 c_A の合金組成の場合，L 相と S 相の量は $p:q$ になっている。これは，C 点を支点にして，腕の長さの違う天秤にそれぞれの質量を乗せてつりあったときの関係と対比される。すなわち，つりあう質量の比は，腕の長さに反比例する。これを，てこの法則と呼ぶ。

てこの法則の証明を図 6.3 に基づき行ってみよう。組成 c_A の合金をある温度 T_1 に保持したときを考える。固相の量 S，液相の量 L，固相の濃度 c_S，液

図 6.3 てこの法則

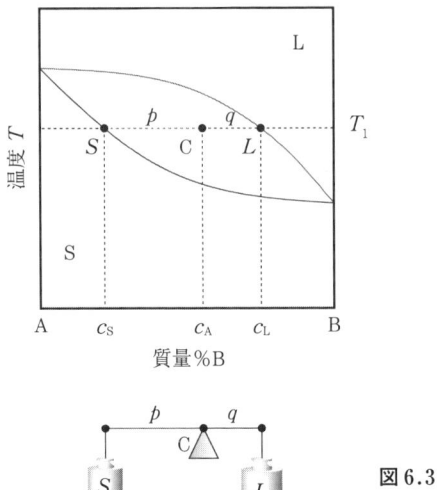

相の濃度 c_L を使うと，c_A は

$$c_A = \frac{S \times c_S + L \times c_L}{S + L} \tag{6.1}$$

となる。ゆえに

$$\frac{L}{S} = \frac{c_A - c_S}{c_L - c_A} = \frac{p}{q} \tag{6.2}$$

となる。ここで，濃度として質量％を使った場合は各相の質量比，モル％を使った場合は各相のモル比（原子数の比）が得られることに注意する必要がある。

6.2 全率固溶型

A金属とB金属とが，固体状態において，全組成範囲で中間相や規則相を作らず，たがいに完全に溶けあう場合の状態図を**全率固溶型**（complete solid solution）という。Cu-Ni系合金やAg-Au系合金など，A金属とB金属とが同じ結晶構造で，A金属とB金属の原子サイズがあまり変わらない場合にとりやすい。**図6.4**にCu-Ni 2元系合金の状態図を示す。ここで，(Cu, Ni)はCuとNiの固溶体を意味する。

図6.5に全率固溶型をとるA-B合金の熱分析曲線と状態図の関係を示す。

6.2 全率固溶型　73

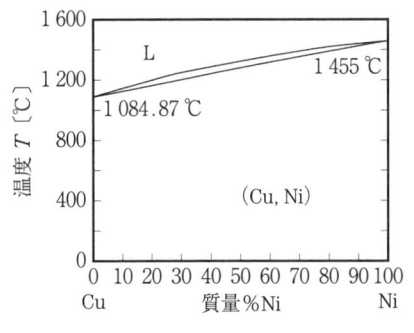

図 6.4 Cu-Ni 2 元系合金の状態図

図 6.5 A-B 合金の熱分析曲線と状態図の関係

すなわち液相状態から冷却し，凝固潜熱による停滞より凝固開始温度と凝固終了温度を求めたものである。図に示すように，純金属Aと純金属Bでは，凝固開始温度と凝固終了温度が一致しているのに対し，A-B合金では，凝固開始温度と凝固終了温度とが一致していない。これらのことは，ギブスの相律から純物質とA-B2元系合金では自由度がそれぞれ0と1であることから理解できる。異なる組成における凝固開始温度どうし，凝固終了温度どうしを線で結ぶと液相（L）＋固相（S）の領域が現れることに注目したい。

つぎに，ある温度におけるこの合金系の自由エネルギー曲線と状態図の関係を**図 6.6** に示す。ここで，T_1 が最も温度が高く，T_A，T_2 と温度が低くなって

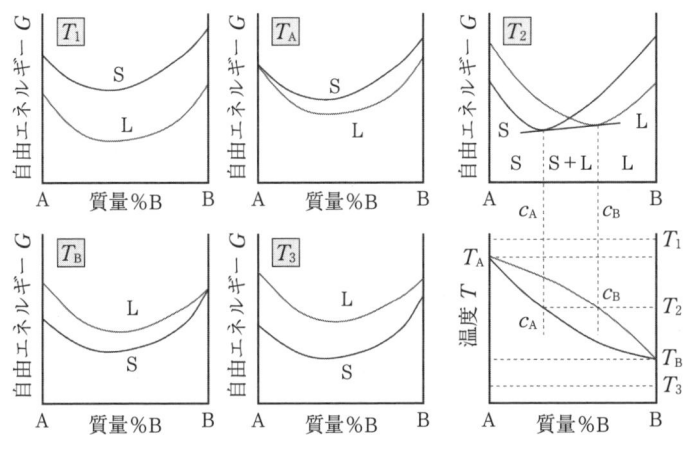

図 6.6 自由エネルギー曲線と状態図の関係

いる。T_1 温度においては，液相 L の自由エネルギーが固相 S の自由エネルギーに比べて，すべての組成において下回っており，安定である。すなわち，T_1 温度では，この合金はすべての組成において液相を示すことがわかる。T_A 温度まで冷却すると，純金属 A において液相と固相の自由エネルギーが初めて一致し，固相と液相とが共存できる温度であることがわかる。すなわち，T_A 温度は純金属 A の凝固点である。さらに温度を下げると，例えば，T_2 温度のように，A リッチ側では固相の自由エネルギーが液相のそれを下回っているが，B リッチ側では液相の自由エネルギーがいまだに固相のそれより下にある。この温度域では，固相の自由エネルギーと液相の自由エネルギーの共通接線を引くことができる。共通接線は，各接線の組成をもつ固相と液相の混合物の自由エネルギーとなることを意味する。共通接線の接点の内側では共通接線のほうが液相や固相の自由エネルギーより低いことから，固相と液相の混合物となって共存できる。T_B 温度になると，純金属 B において液相と固相の自由エネルギーが一致し，もはや共通接線は引くことができなくなる。この温度は純金属 B の凝固点である。これ以下の温度である T_3 温度においては，すべての組成において固相の自由エネルギーが液相の自由エネルギーに比べて下回り，すべての組成において固相を示すことがわかる。

図 6.7 に全率固溶型合金の状態図および凝固過程を示す。左の状態図において，B 金属の濃度が x である合金の冷却中の組織変化を読みとろう。T_1 温度以上では，濃度 L_1（$=x$）の液相一相である。温度を下げても濃度は変化しないので，鉛直状に直線を引いていく。T_1 温度において，液相線と交差する。液相線は凝固が開始する温度であるので，この温度で初めて凝固が開始する。T_1 温度において，水平線を描くと，液相線とは濃度 L_1 で，固相線とは濃度 S_1 で交差するので，この温度において，平衡状態で存在しうる液相および固相の濃度はそれぞれ L_1 および S_1 であることがわかる。したがって，T_1 温度直下においては濃度 L_1 の溶液から濃度 S_1 の結晶が晶出する。平均組成 x の合金において，凝固に伴い A リッチな固相が晶出したことにより，液相の濃度は B リッチへと変化していく。状態図上の 2 相共存域において，平衡に存在しうる各相

6.2 全率固溶型

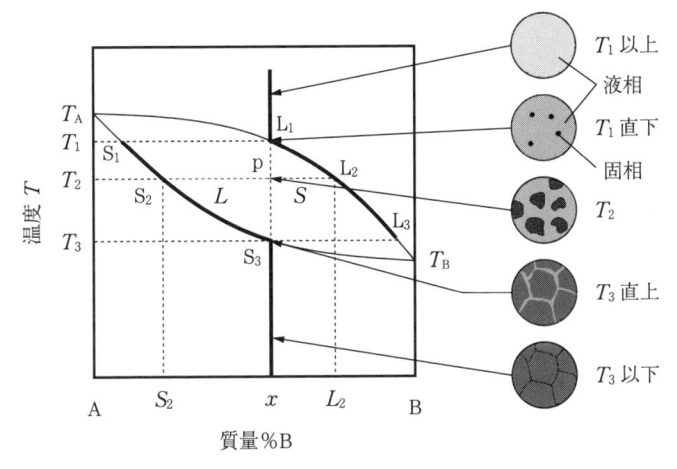

図 6.7 全率固溶型合金の状態図および凝固過程

の濃度は水平線を描き，初めて線と交差した点の濃度である．このため，凝固に伴い，液相の濃度は液相線に沿って，固相の濃度は固相線に沿って変化していく．

T_2 温度になったときを考えてみよう．冷却に伴い晶出物が大きくなり，固相の割合が増加する．液相と固相の比は，てこの法則より $S_2p : L_2p$ である．また，このときの液相の濃度は L_2，固相の濃度は S_2 である．固相の濃度変化は原子の拡散によるものであり，晶出した結晶では，中心から外側まで濃度の均一化が生じている．T_3 温度直上では，ほとんど晶出が終了する．このとき，固相の濃度は S_3 ($= x$)，わずかに残った液相の濃度は L_3 である．T_3 温度以下では液相はなくなり，濃度 S_3 の固相1相となる．この後，固相単相域に入り，冷却しても，温度だけ下がるのみで相変化はない．このとき，固相はA金属とB金属の原子とが均一に混ざりあっている固溶体になっている．

全率固溶型の冷却過程における液相および固相量の変化を模式的に示したものが**図6.8**である．固液2相が共存するときの量比変化に注目してほしい．

以上のように，状態図を読む場合，1相域では鉛直に組織変化を考えればよい．これに対し，2相域では水平線を描き，最初に交わった線に沿って組織は変化する．

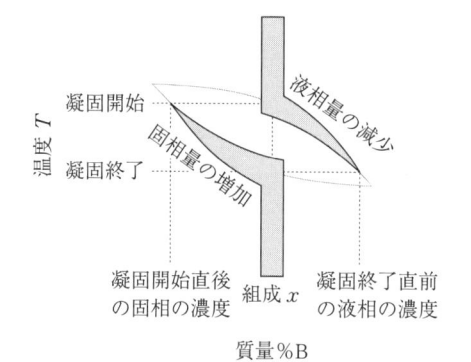

図 6.8 冷却過程における液相および固相量の変化の模式図

6.3 共 晶 型

6.3.1 固体状態でまったく溶けあわない場合の共晶型[†]

溶融合金から同時に2種類の固相が晶出する**共晶**（eutectic）が生じる場合の状態図を取り扱う。ここではまず簡単のため，固体状態でまったく溶けあわない場合，すなわち固溶体を形成しない場合を考えてみる。このような状態図の例として，共晶型 Bi-Cd 合金の熱分析曲線と状態図を**図 6.9** に示す。図のように純 Bi と純 Cd では，凝固開始温度と凝固終了温度とが一致するが，Bi-20 モル％Cd 合金，Bi-40 モル％Cd 合金，Bi-60 モル％Cd および Bi-80 モ

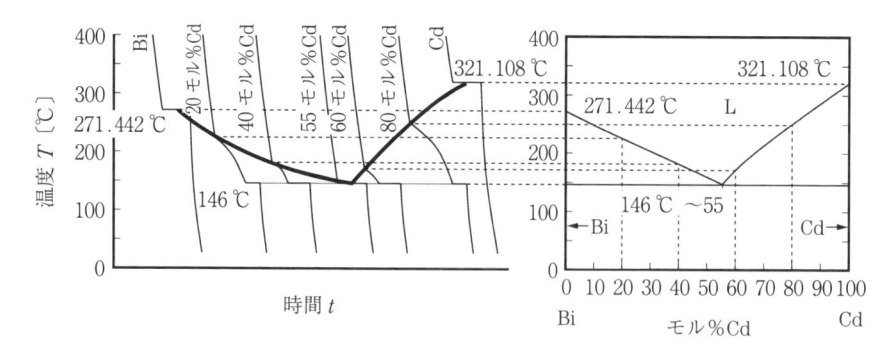

図 6.9 共晶型 Bi-Cd 合金の熱分析曲線と状態図

[†] ただし，エントロピーの効果があるため，極微量は固溶しているはずである

ル%Cd 合金では凝固開始温度と凝固終了温度とが一致しない。しかし，前節と異なるのは，これらの合金では，146℃において温度停滞がみられる点である。さらに注目すべきは Bi-55 モル%Cd 合金の冷却曲線であり，合金であるにもかかわらず，凝固開始温度と凝固終了温度はともに 146℃であり一致している。したがって，この組成においては，不変系反応が生じて3相が共存していることがわかる。このときの反応は L → Bi+Cd となり，A-B 合金では一般的に L → A+B と記述できる。

つぎに，固体状態でまったく溶けあわない場合の共晶合金の冷却による組織変化を考えてみる。まず，**図 6.10**（a）に示す x 組成の合金について取り扱う。T_2 温度では濃度 L_E（$=x$）の液相1相である。T_E 温度直上でも濃度 L_E の液相1相であるが，T_E 温度において，濃度 L_E の液相から A 相と B 相とが同時に晶出する。この反応を**共晶反応**（eutectic reaction）と呼び，L_E → A+B で表すことができる。ここで，A 相と B 相との比率はてこの法則より GE：FE である。また，T_E 温度を**共晶温度**（eutectic temperature），E 点を**共晶点**（eutectic point），共晶組成を有する合金を**共晶合金**（eutectic alloy）と呼ぶ。その後の冷却では特に組織変化は生じないため，最終組織は共晶組織となる。共晶組織は A 相と B 相の体積比が同程度の場合は結晶が層状，体積比が大きく異なる場合は体積が少ないほうが粒状となる。いずれの場合も細かく，混合した組織となる。

つぎに，共晶組成より B 濃度が低い**亜共晶**（hypoeutectic）組成である y 組成の組織変化を図（b）に示す。T_1 温度において，液相線を交差するので，この温度にて濃度 L_1（$=y$）の液相から A 相の**初晶**（primary crystal）が晶出する。T_2 温度において，液相の濃度は L_2 となる。このとき，液相と初晶 A 相との比率は図示されるように，てこの法則から求められる。温度低下とともに初晶 A 相の体積率（体積分率）が増加し，これに伴い液相の濃度は液相線に沿って B リッチへと変化していく。T_E 温度直上において，初晶 A を濃度 L_E の液相がとりまく。このとき，液相と A 相との比率は，Fq：Eq となる。ちょうど共晶温度の T_E 温度になったときに，残存する液相の濃度は L_E となるため，

78   6. 平衡状態図

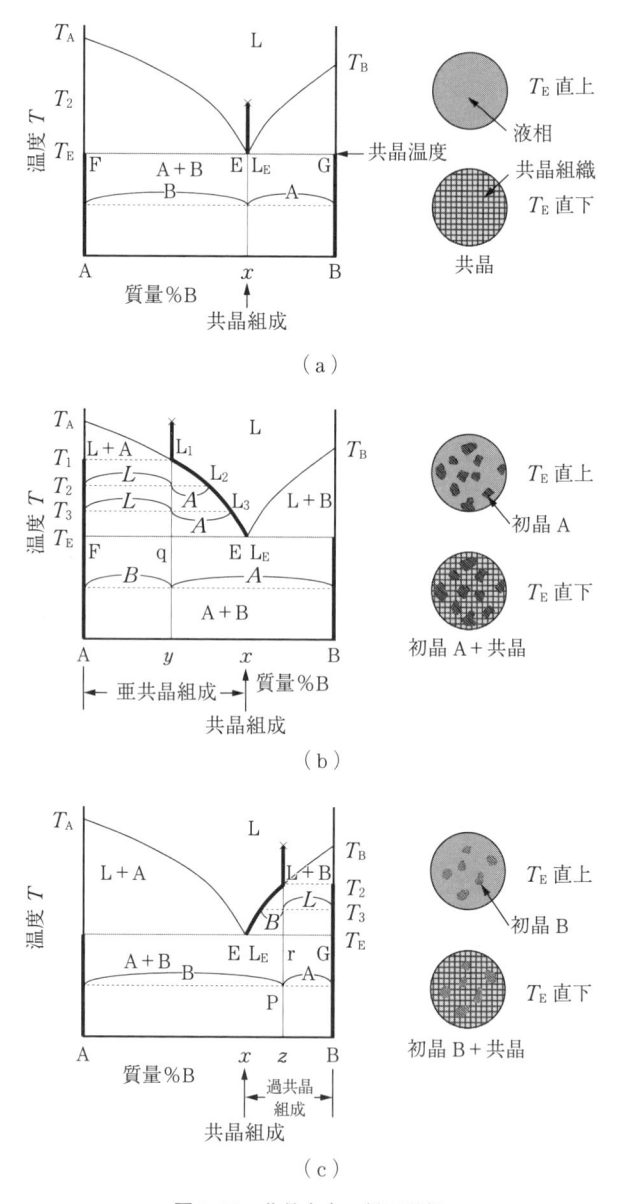

(a)

(b)

(c)

図6.10 共晶合金の凝固過程

濃度 L_E の液相から A 相と B 相とが同時に晶出する．その後の冷却では組織変化は生じないため，最終組織は初晶 A＋共晶組織となる．

図（c）には，z 組成の場合，すなわち共晶組成より B 濃度が高い**過共晶**（hypereutectic）組成の場合を示す．T_2 温度において，y 組成の場合とは逆に，液相中に初晶 B 相が晶出する．初晶 B 相の体積率増加に伴い，残存する液相の濃度は液相線に沿って A リッチへと変化していく．T_E 温度直上において，初晶 B の周りを濃度 L_E の液相がとりまく．このとき，液相と B 相との比率は，Gr：Er となる．T_E 温度になると，残存している液相の濃度が L_E となり，液相から A 相と B 相とが同時に晶出する．最終組織は初晶 B＋共晶組織となる．

このように，液相の濃度が共晶組成となるまで初晶の晶出が進行する．液相の濃度が共晶組成になると，液相は共晶反応により A 相と B 相とに分かれる．

6.3.2　固体状態で一部溶けあう場合の共晶型

つぎに，多くの状態図でみられる，固体状態で一部溶けあう場合の共晶型について考えよう．ある温度におけるこの合金の自由エネルギー曲線と状態図の関係を**図 6.11** に示す．ここでは α，β 両相の結晶構造が異なるため，それぞ

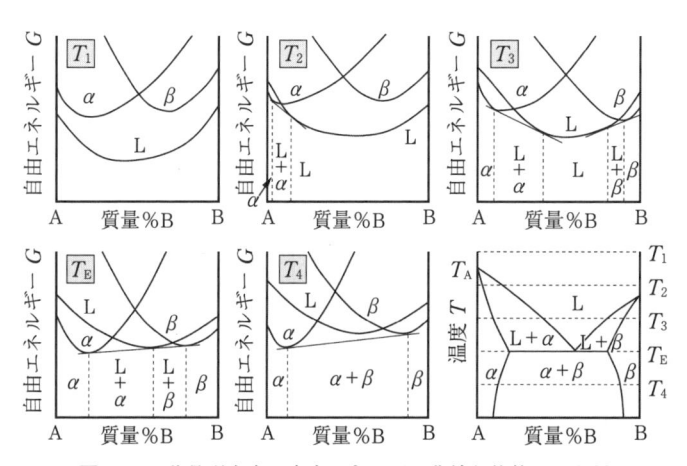

図 6.11　共晶型合金の自由エネルギー曲線と状態図の関係

れ異なる自由エネルギー曲線で表現されているが，5.4.1項の$v>0$の場合のような，α, β両相が同じ結晶構造であってひとつながりの自由エネルギー曲線で示される場合もあり得る。T_1温度においては，液相Lの自由エネルギーが固相αとβの自由エネルギーに比べて，すべての組成において下回っており，この合金はすべての組成において液相を示す。T_2温度では，Aリッチ側でα相の自由エネルギーと液相の自由エネルギーとの共通接線を引くことができ，共通接線の内側では液相とα相とが共存できる。T_3温度では，Bリッチ側でもβ相の自由エネルギーと液相の自由エネルギーとの共通接線を引くことができ，共通接線の内側では液相とβ相とが共存できる。この二つの共通接線の傾きは温度低下とともに近くなり，T_E温度になると，この二つの共通接線が一本になる。この温度直上ではAリッチ側では液相とα相，Bリッチ側では液相とβ相が共存し，直下ではともにα相とβ相が共存する。T_4温度では共通接線は1本であり，この内側の組成では，α相とβ相が共存する。この自由エネルギー曲線をもとに描いた状態図は図6.11の右下図のようになる。Pb-Sn系，Al-Si系などがこのような状態図の例である。

図6.12を用いて，共晶組成であるx組成の冷却中の組織変化を考えてみよう。T_E温度にて共晶反応である$L_E \rightarrow \alpha_F + \beta_G$が生じ，濃度$L_E$の液相から$\alpha$固溶体と$\beta$固溶体とが同時に晶出し，凝固が終了する。ここで，$\alpha$相と$\beta$相の比率はGE：FEである。またこのとき，$\alpha$相の濃度は$\alpha_F$，$\beta$相の濃度は$\beta_G$であ

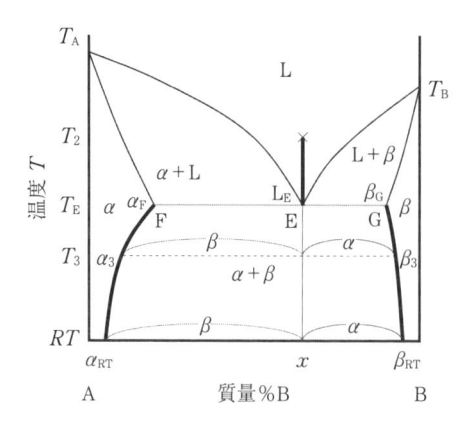

図6.12 共晶組成合金の凝固過程

る。T_E 温度以下では，温度低下に伴い α 相の濃度は溶解度曲線に沿って $\alpha_F \rightarrow \alpha_3 \rightarrow \alpha_{RT}$ へと，β 相の濃度は $\beta_G \rightarrow \beta_3 \rightarrow \beta_{RT}$ へと変化する。このとき，α 相への B 金属の溶解度と，β 相への A 金属の溶解度がいずれも低下するため，α 相の中に β 相粒子が，β 相中には α 相粒子がそれぞれ析出するはずである。しかし，共晶中の両固溶体はきわめて薄い層状もしくは細かい粒状の結晶として混合している。そのため，ゆっくりとした冷却条件下では，α 相と β 相の界面を通じて各相中の過飽和な原子の拡散が生じ，結果として，濃度 α_{RT} の相と濃度 β_{RT} の相とが細かく混合した共晶組織となる。

亜共晶組成である y 組成の組織変化を図 6.13 を用いてみてみよう。T_1 温度直下で濃度 L_1 の液相から濃度 α_1 の初晶が晶出する。温度低下に伴い，α 相の体積率が増加するとともに α 相の濃度は固相線に沿って B リッチに変化する。平均組成に比べて A リッチの α 相が晶出することに伴い，液相の濃度も液相線に沿って B リッチへと変化する。T_E 温度において，残存する液相の濃度が L_E となるので，$L_E \rightarrow \alpha_F + \beta_G$ 共晶反応を起こし，凝固は完了する。T_E 温度以下では温度低下に伴い α 相の濃度は，溶解度曲線に沿って $\alpha_F \rightarrow \alpha_3 \rightarrow \alpha_{RT}$ へと，β 相の濃度は $\beta_G \rightarrow \beta_3 \rightarrow \beta_{RT}$ へと変化する。このとき，溶解度が低下するため，拡散のための十分な時間があれば α 相の中に β 相粒子が，β 相中には α 相粒子が析出する。しかし，現実には，固相内で十分な拡散が生じるほど冷

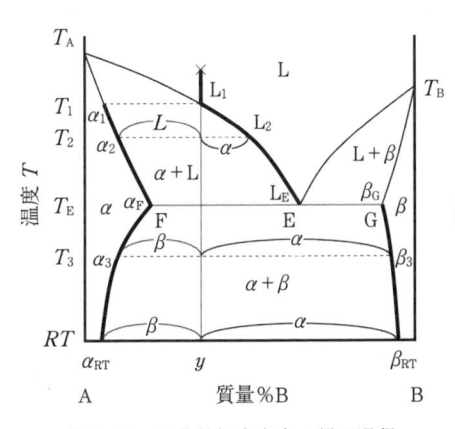

図 6.13 亜共晶組成合金の凝固過程

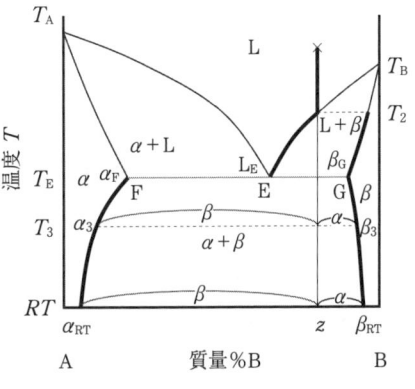

図 6.14 過共晶組成合金の凝固過程

却速度は遅くないので，平衡状態はなかなか得られない。そのため，最後の析出は生じないことが多い。非平衡凝固過程に関しては 6.7 節にて説明する。また，過共晶組成である z 組成の組織変化は**図 6.14** からわかるとおり，図 6.13 に示した亜共晶組成である y 組成の組織変化での α と β を入れ替えた形となる。

つぎに，**図 6.15** の y' 組成の合金の凝固を取り扱う。T_0 温度にて液相から α 固溶体が晶出し，T_2 温度にて晶出が終了する。T_2 温度から T_3 温度では均一な α 固溶体単相である。T_3 温度において溶解度曲線と交わり，濃度 β_3 の β 相が析出する。T_3 温度以下では，温度低下に伴い β 析出相の量は増加してゆく。ここで，α 相の濃度は溶解度曲線に沿って $\alpha_3 \rightarrow \alpha_{RT}$ へと，β 相の濃度は $\beta_3 \rightarrow \beta_{RT}$ へと変化する。この組成では，共晶型の状態図をとる合金系でも共晶反応は生じないことに注意したい。

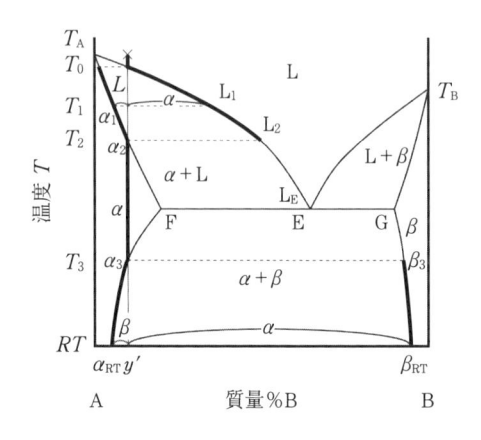

図 6.15 共晶反応を生じない凝固過程

6.4 共 析 型

前節では液相から同時に 2 種類の固相が晶出する共晶反応について学んだが，反応にあずかる相がすべて固相でも，同様な反応が生じる。これを**共析反応**（eutectoid reaction）と呼ぶ。すなわち，α（固相）$\rightarrow \beta$（固相）$+ \gamma$（固相）の反応となる。**図 6.16** に共析型状態図の例を示す。共析反応が生じる温度を

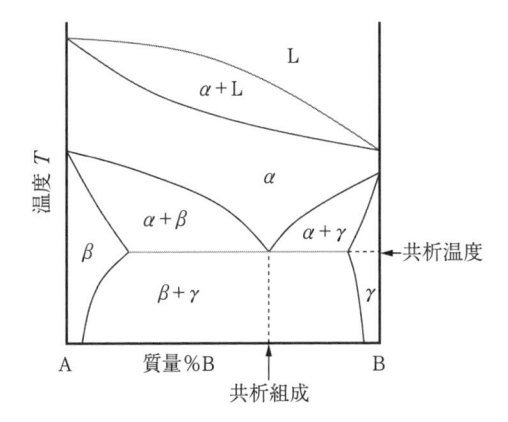

図6.16 共析型状態図の例

共析温度（eutectoid temperature）と呼ぶ。

6.5　包　晶　型

図 6.17 に示す濃度 L_G の液相（L）と濃度 α_F の固相（α 固溶体）とが反応し，濃度 β_P の固相（β 固溶体）を生成する $L_G + \alpha_F \rightarrow \beta_P$ の反応を**包晶反応**（peritectic reaction）と呼ぶ。この反応は，A 金属と B 金属の結晶構造が異なり，A 金属と B 金属の融点が著しく異なる場合にとりやすい。

包晶反応が生じる温度を**包晶温度**（peritectic temperature），包晶反応が過不足なく生じる組成を**包晶組成**（peritectic composition），P 点を**包晶点**（peritectic point）と呼ぶ。また，図 6.17 中の固相線，液相線，溶解度曲線を

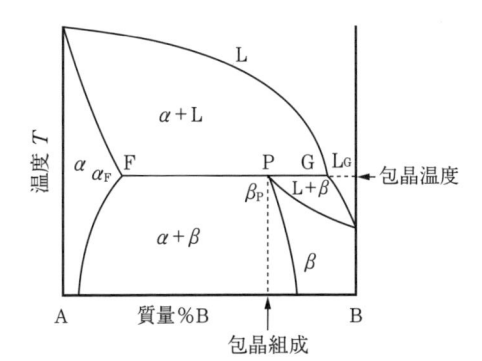

図 6.17 包晶型状態図

84   6. 平衡状態図

またぐことにより生じる相変化は前出の全率固溶型や共晶型と同じであり、水平線で描かれた不変系反応の包晶反応線のみが新しい現象である。

図 6.18 を用いて、包晶組成である x 組成の冷却中の組織変化を考えてみる。T_2 温度において液相線と交差するため、濃度 L_2（$=x$）の液相から濃度 α_2 の α 固溶体が晶出する。T_P 温度直上において、液相の濃度は L_G、固相の濃度は α_F となる。このとき、液相と初晶 α との量比は FP：GP である。T_P 温度において、$L_G + \alpha_F \rightarrow \beta_P$ の包晶反応が生じる。すべてが β 相となるまでこの反応は進行する。すでに凝固している α 固溶体とその周囲を取り巻く液相との界面で反応は生じ、生成される β 固溶体は α 固溶体を包むように成長する。T_P 温度以下では β 相への A 金属の溶解度が減少することから、β 相中に α 相が析出する。したがって、最終組織は濃度 β_{RT} の β 固溶体と濃度 α_{RT} の α 析出物となる。

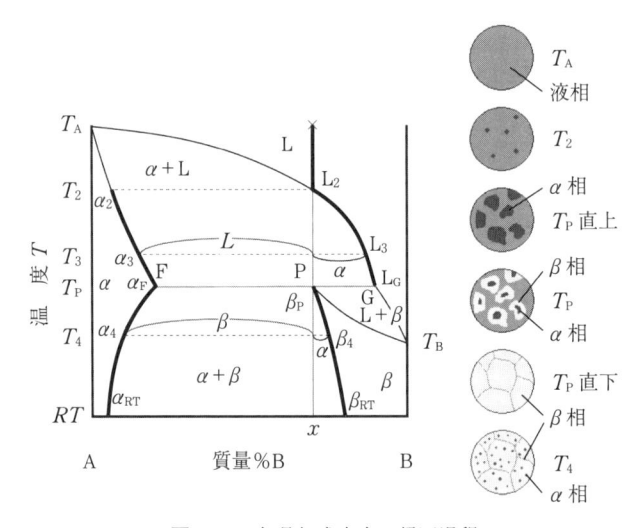

図 6.18　包晶組成合金の凝固過程

つぎに、図 6.19 を用いて y 組成の冷却中の組織変化を考えてみる。x 組成の場合よりも高い T_1 温度において液相線と交差して、濃度 L_1（$=y$）の液相から濃度 α_1 の α 固溶体が晶出する。T_P 温度直上において、液相の濃度は L_G、固相の濃度は α_F となる。このとき、液相と初晶 α との量比は Fy：Gy である。

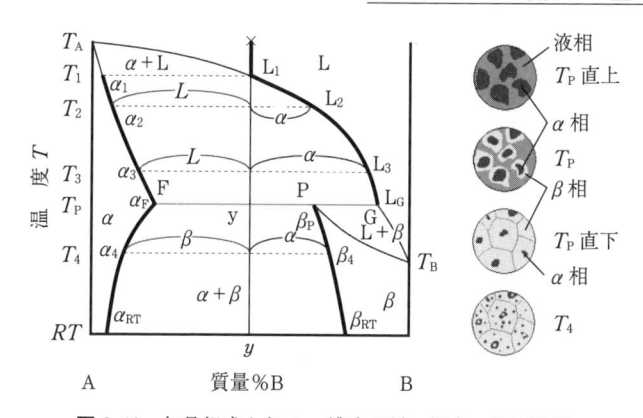

図6.19 包晶組成よりのB濃度が低い場合の凝固過程

T_P 温度において，$L_G + \alpha_F \rightarrow \beta_P$ の包晶反応が開始するが，包晶組成に比べて α 相の割合が多いので，液相が消費しつくされてもすべての α 相が反応で消失するのではなく，β 相に包まれた形で α 相が残留する．T_P 温度以下では α，β いずれの相も溶解度が減少することから，α 相中に β 相が，β 相中に α 相が析出する．したがって，最終組織は濃度 β_{RT} の β 固溶体と濃度 α_{RT} の α 固溶体からなる．

z 組成では**図6.20**に示すように x 組成の場合よりも低い温度において液相線と交差して α 固溶体が晶出する．T_P 温度直上において，これまでと同様に

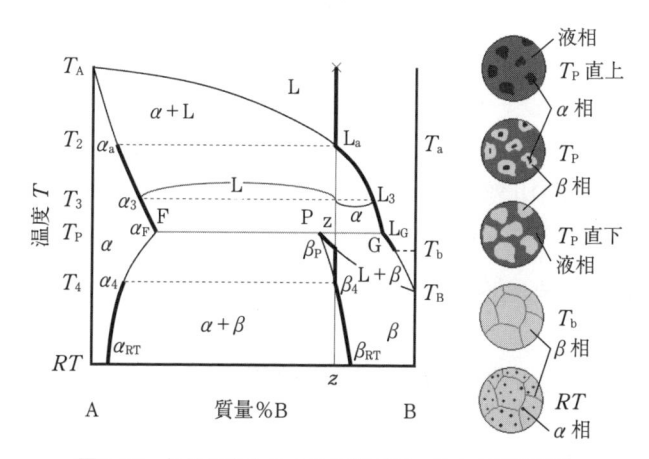

図6.20 包晶組成よりのB濃度が高い場合の凝固過程

液相の濃度は L_G, 固相の濃度は $α_F$ となる。このとき，液相と初晶との量比はFz：Gzである。T_P 温度において，$L_G + α_F → β_P$ の包晶反応が開始するが，包晶組成に比べて $α$ 相の割合が少ないので，ここでは $α$ 相が消費しつくされてもすべての液相が反応で消失するのではなく，液相に包まれた形で $β$ 相が存在する。さらに温度が低下すると $β$ 相の量が増加し，T_b において固相線と交差するので $β$ 単相となる。T_4 温度以下では $β$ 相への A 金属の溶解度が減少することから，$β$ 相中に $α$ 相が析出する。したがって，最終組織は濃度 $β_{RT}$ の $β$ 固溶体と濃度 $α_{RT}$ の $α$ 析出物となる。

合金組成がF組成よりAリッチであると，全率固溶体と同様に液相から $α$ 相が晶出する。このとき，$α_{RT}$ より B 濃度が低い組成であればそのまま $α$ 固溶体として常温までもちこされるが，$α_{RT}$ より B 濃度が高い組成であれば最終組織は濃度 $α_{RT}$ の $α$ 固溶体と濃度 $β_{RT}$ の $β$ 析出物となる。この凝固過程は図6.15で示したものと同じである。同様に，合金組成がG組成よりBリッチであっても，全率固溶体と同様に液相から $β$ 相が晶出する。このとき，室温まで溶解度曲線と交わらない組成であれば $β$ 固溶体のまま常温までもちこされるのに対し，$β_{RT}$ と $β_T$ を結ぶ溶解度曲線と交わる組成であれば最終組織は濃度 $β_{RT}$ の $β$ 固溶体と濃度 $α_{RT}$ の $α$ 析出物となる。このように包晶型の状態図をとる合金系でも包晶反応は生じない場合がある。

6.6 包 析 型

共晶型と共析型の比較において説明したと同様に，包晶反応に類似しているが反応に関係するすべての相が固相である**包析反応**（peritectoid reaction）が存在する。このときの反応は $α$(固相) $+ β$(固相) $→ β$(固相) となる。

6.7 非平衡凝固過程

これまで述べてきた凝固過程はすべて2元系平衡状態図に基づく凝固，すな

わち平衡凝固過程であり，固相内の拡散が完全に行われるように徐冷した場合の組織変化について示してきた．これは，**図 6.21** において，x 組成の合金の凝固過程における各相の濃度が状態図の液相線，固相線に合致して変化することを意味している．すなわち，液相の濃度が $L_1 \to L_2 \to L_3$ と変化するのに対して固相の濃度が $S_1 \to S_2 \to S_3$ と変化する．一方，実際の冷却速度は固相内での拡散が十分進んで均一となる時間を与えないほどの速さであり，この場合の凝固は非平衡凝固と呼ばれる．非平衡凝固では，図 6.21 において温度 T_1 にて液相から濃度 S_1 の固相が晶出するが，温度が T_2 に低下するまでの時間で固相の中央部まで金属 B が十分拡散できない．その場合，固相の平均濃度は S_1 と S_2 の間のどこかである S_2' となる．同様の過程が積み重なると，固相の平均濃度は本来の固相線より A リッチ側にずれていくことになる．このときの組織を模式的に表したものが**図 6.22** である．等高線は A 濃度を示しており，各結晶粒の中央部では A 濃度が高く，周辺にいくにつれて濃度が下がっている．このような組織を**コアリング**（coring）と呼ぶ．凝固過程では量が少ない元素が粒界などに高濃度に蓄積されて濃度むらを作ることがあり，**偏析**（segregation）と呼ばれる．偏析により組織が不均一になり，機械的性質が劣る．

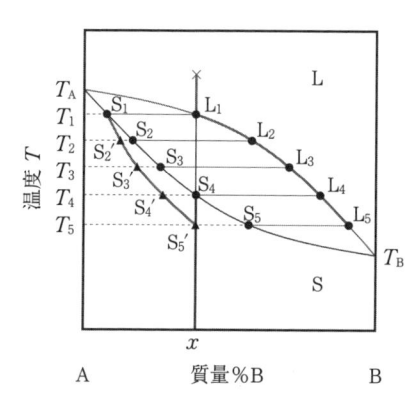

図 6.21 冷却速度が速い場合の非平衡凝固

図 6.22 非平衡凝固で生じる凝固偏析

◇ 演 習 問 題 ◇

6.1 図 6.23 の 2 元系状態図について以下の問いに答えよ。

(1) 図 (a), 図 (b) の状態図の名称を答えよ。

(2) 図 (a) の状態図において, 記号 (ア), (イ) で表される線の名称をそれぞれ答えよ。

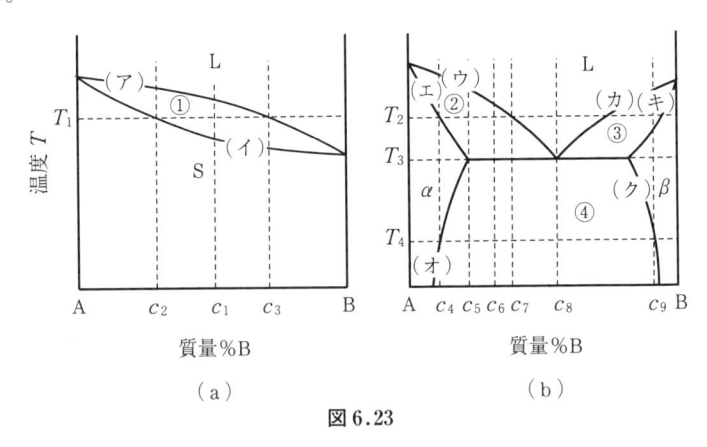

図 6.23

(3) 図 (a) の状態図において①で表される領域での平衡相を述べよ。また合金組成が c_1 であるとき, 温度 T_1 におけるその相の割合を図中の記号を使って表せ。

(4) 図 (b) の状態図において, ②, ③, ④の領域での平衡相を述べよ。

(5) 図 (b) の状態図において, α 相中の B 金属の固溶限はどの線で表されるか述べよ。また, β 相中の A 金属の固溶限はどの線で表されるか。それぞれ図中の記号を用いて示せ。

(6) (b) の状態図で合金組成が c_6 のとき, 温度 T_2, T_4 において, 平衡相とそれぞれの割合を図中の記号を用いて表せ。

(7) (b) の状態図で, c_7 の組成をもつ合金を液相状態からゆっくりと冷却した。組織変化の概要を描け。

6.2 図 6.24 の状態図には誤りがある。どこがおかしいか誤りを指摘し, そう考えた理由を述べ, 正しく修正しなさい。

6.3 図 6.25 の状態図に関し, 以下の設問に答えよ。

(1) (ア), (イ) および (ウ) の線をなんと呼ぶか答えよ。

(2) A-20 質量%B 合金を 600 ℃ に加熱すると何相と何相とが現れるか述べよ。

演 習 問 題　89

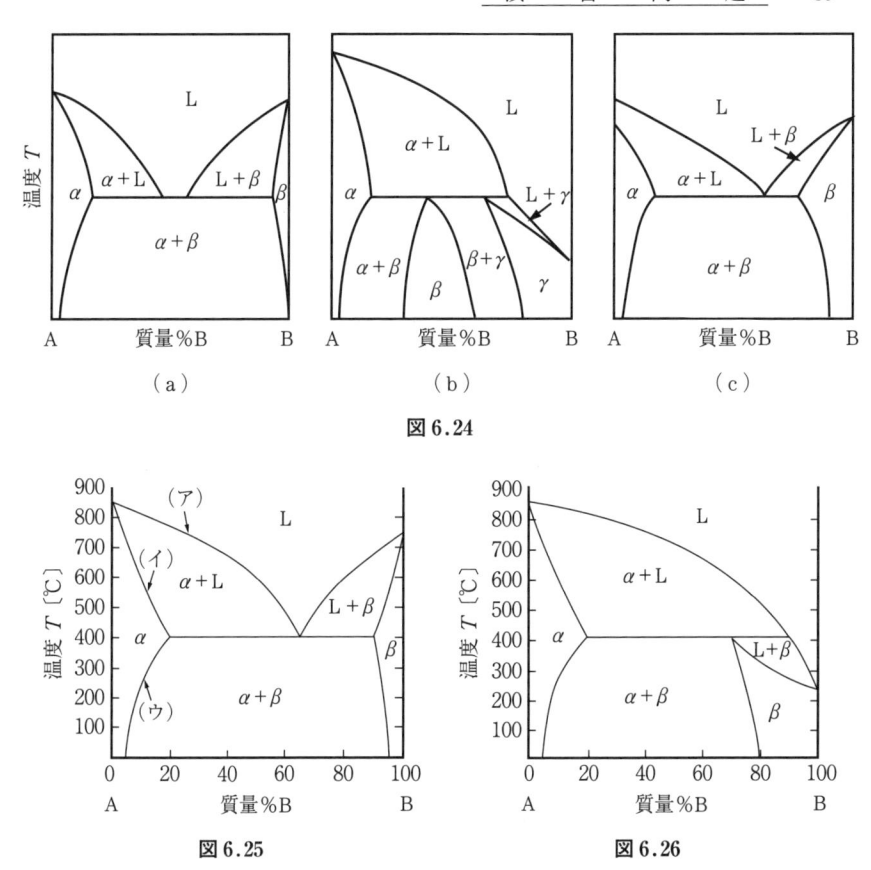

図 6.24

図 6.25

図 6.26

また，そのとき，それら相の比率と各相の濃度を求めよ。

（3） A-10 質量%B 合金，A-50 質量%B 合金，A-65 質量%B 合金および A-80 質量%B 合金を 900℃ から徐冷したときの組織の模式図を描け。このとき，現れている相の濃度と比率も求めよ。

6.4 図 6.26 の状態図に関し，以下の設問に答えよ。

（1） 400℃ を何温度というか答えよ。また，A-70 質量%B 合金の組成を何組成というか答えよ。

（2） A-10 質量%B 合金，A-40 質量%B 合金，A-70 質量%B 合金および A-80 質量%B 合金を 900℃ から徐冷したときの組織の模式図を描け。このとき，現れている相の濃度と比率も求めよ。

6.5 包折反応が生じるような状態図の例を図示せよ。

7

転位と材料強度

機械材料として最も重要な特性の一つとして強度があげられる。材料強度は，じつは材料中の欠陥，特に線欠陥である転位と密接な関係がある。本章では，転位論の基礎を学び，転位と材料強度との関係について学ぶ。

7.1 応力 - ひずみ曲線

7.1.1 公称応力 - 公称ひずみ曲線

材料の強度を調査する代表的な方法として**引張試験**（tensile test）がある。これは**図 7.1**に示すような試験機を用いて行われる。上下をチャックにて挟まれた試験片は，クロスヘッドが下に移動することにより引き延ばされていく。このとき，上部のチャックの先にはロードセルと呼ばれる荷重センサーが

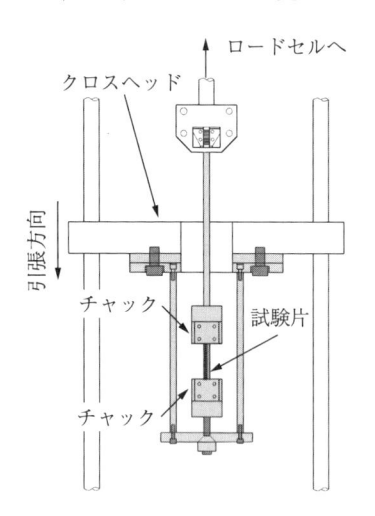

図 7.1 引張試験機の概略図

取り付けられており，試料に印加されている**荷重**（load）が計測できる。また，クロスヘッドの移動量（変位）により試料の**伸び**（elongation）がわかる。

こうして得られた荷重と伸びとの関係は，強度のみならず試料の大きさや形状などにも依存する。そこで，荷重を試料の断面積で除した**応力**（stress）を用いて，また，伸びに関しては，変位を試料長さで除した**ひずみ**（strain）を用いて評価する。荷重を変形前の試料の初期断面積で除した物理量を**公称応力**（nominal stress, conventional stress）と呼び，以下で定義される。

$$\sigma_N = \frac{F}{A_0} \quad (7.1)$$

ここで，A_0 は負荷前の試験片の断面積，F は荷重である。また，**公称ひずみ**（nominal strain）あるいは**普通ひずみ**（conventional strain）は

$$\varepsilon_N = \frac{l - l_0}{l_0} \quad (7.2)$$

にて定義される。ここで，l_0 および l は引張変形前後の試料の長さである。ただし，試験片の上下はチャックによって挟まれているので，通常 l_0 および l はチャック部の影響を受けない標点間の距離とする。

図 7.2 に公称応力 - 公称ひずみ曲線の例を示す。変形初期には材料は**弾性変形**（elastic deformation）し，応力とひずみとの間には線形的比例関係があり，以下の式で示される。

$$\sigma_N = E\varepsilon_N \quad (7.3)$$

この関係を**フックの法則**（Hooke's law）といい，比例係数 E は**ヤング率**（Young's modulus）と呼ばれる。剪断応力 τ と剪断ひずみ γ との間にも変形初期にはフックの法則が成り立ち

$$\tau = \mu\gamma \quad (7.4)$$

となる。ここで，μ は**剛性率**（stiffness, shear modulus）（剪断弾性係数あるいは横弾性係数とも呼ばれる）である。弾性変形域内であれば，除荷により，試験片は元の長さに戻り，ひずみは残らない。弾性変形時に材料内の原子間距離は変化するが，原子間の相対位置はほとんど変化しない。これを模式的

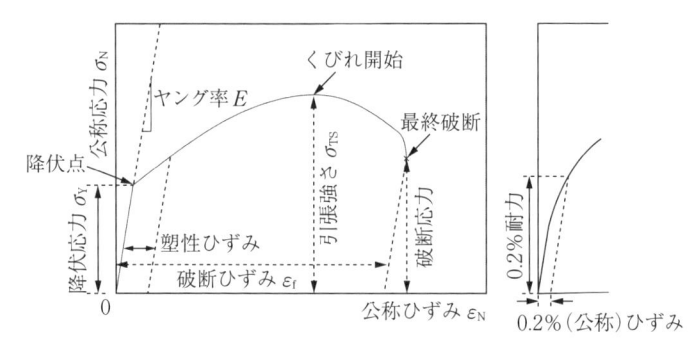

図7.2 公称応力 - 公称ひずみ曲線

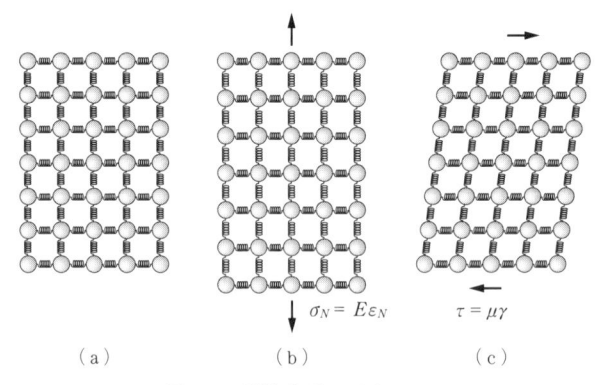

図7.3 弾性変形の原子モデル

に示すと**図7.3**となる。

試料に加えられる応力がさらに増加すると、この関係は成り立たなくなり、永久ひずみ（塑性ひずみ）が生じる。この現象は**降伏**（yielding）によってもたらされ、このときの応力を**降伏応力**（yielding stress）と呼び、材料強度の指標の一つとして利用される。AlやCuの応力 - ひずみ曲線のように降伏現象がわかりづらく、降伏応力が求めにくい場合は、例えば0.2%のひずみを生じさせるために必要な応力、すなわち**0.2%耐力**（proof stress）が用いられる。降伏以降の変形は**塑性変形**（plastic deformation）と呼ばれ、荷重印加をやめて除荷後も**塑性ひずみ**（plastic strain）が残る。降伏後さらに変形を続けると、**加工硬化**（work hardening）（あるいは**ひずみ硬化**（strain hardening））により徐々に変形抵抗が増加していく。公称応力が最大値に達し、**くびれ**（necking）

が生じるまで試料は均一に伸びていく．公称応力の最大値を**引張強さ**（tensile strength）と呼び，最終破断したときまでに与えられた塑性変形量を破断ひずみで表す．

7.1.2 真応力と真ひずみ

公称応力と公称ひずみは，引張変形前の試料形状をもとに定義されているが，大きな変形の場合には試料形状，特に試料断面積の変化も考慮する必要がある．**真応力**（true stress）σ_T は

$$\sigma_T = \frac{F}{A} \tag{7.5}$$

で定義される．ここで，A は荷重 F を加えているときのある瞬間の試験片の断面積である．また，同様に変形中のある瞬間の試験片長さに対する伸びの割合を用いる示し方があり，これを**真ひずみ**（true strain）と呼ぶ．ある瞬間における長さを l，微小な伸びを dl として

$$d\varepsilon_T = \frac{dl}{l} \tag{7.6}$$

とすると，ある長さまで伸びたときのひずみは，つぎの式で表される．

$$\int_0^\varepsilon d\varepsilon_T = \int_{l_0}^l \frac{dl}{l}$$
$$\therefore \quad \varepsilon_T = \ln \frac{l}{l_0} \tag{7.7}$$

引張変形の場合，真ひずみと公称ひずみとの関係は

$$\varepsilon_T = \ln(1 + \varepsilon_N) \tag{7.8}$$

となる．ひずみの小さい範囲では，どちらで表したひずみもほとんど同じになる．

真ひずみの長所は，1）加算が可能である点，2）体積不変の条件の記述が簡単である点，3）引張と圧縮において応力－ひずみ曲線の差がない点である．これらの点について証明してみよう．

例えば，長さ l_0 の丸棒に引張変形を加え，長さ l_1 まで変形させたあと，さらに l_2 へと変形させる場合を考える．このとき，$l_0 \to l_1$ の過程における公称

ひずみ ε_{N_1} は $(l_1-l_0)/l_0$ であり, $l_1 \to l_2$ における公称ひずみ ε_{N_2} は $(l_2-l_1)/l_1$ となる。これらの和は,直接 $l_0 \to l_2$ へと変形させた場合の公称ひずみ $(l_2-l_0)/l_0$ とは等しくならない。これに対し,真ひずみの場合, $l_0 \to l_2$ への変形における真ひずみは $\ln(l_2/l_0)$ であり, $l_0 \to l_1$ の過程における真ひずみ $\ln(l_1/l_0)$ と $l_1 \to l_2$ の過程における真ひずみ $\ln(l_2/l_1)$ との和になる。

つぎに,塑性変形により,長さ,幅,厚さがそれぞれ a_0, b_0, c_0 の直方体が a_1, b_1, c_1 の直方体へと変化した場合を考える。3方向の真ひずみの和は

$$\varepsilon_{T_a} + \varepsilon_{T_b} + \varepsilon_{T_c} = \ln\left(\frac{a_1}{a_0}\right) + \ln\left(\frac{b_1}{b_0}\right) + \ln\left(\frac{c_1}{c_0}\right) = \ln\left(\frac{a_1 b_1 c_1}{a_0 b_0 c_0}\right) \tag{7.9}$$

となる。ここで,塑性変形前後の体積は一定であり, $a_0 b_0 c_0 = a_1 b_1 c_1$ であるため,真ひずみを用いた体積不変の条件は,簡単に

$$\varepsilon_{T_a} + \varepsilon_{T_b} + \varepsilon_{T_c} = 0 \tag{7.10}$$

で記述できる。これに対し,公称ひずみの場合の体積不変の条件は

$$(1+\varepsilon_{N_a})(1+\varepsilon_{N_b})(1+\varepsilon_{N_c}) = 1 \tag{7.11}$$

である。

今度は,100 mm 高さの円柱に圧縮変形を加えたときの公称ひずみと真ひずみを計算してみよう。結果を**表7.1**に示す。**巨大ひずみ加工**(severe plastic

表7.1 100 mm の円柱に圧縮変形を加えた際の公称ひずみと真ひずみ

変形後の高さ〔mm〕	公称ひずみ	真ひずみ
90	-0.1	-0.105
80	-0.2	-0.223
70	-0.3	-0.356
60	-0.4	-0.510
50	-0.5	-0.693
40	-0.6	-0.916
30	-0.7	-1.203
20	-0.8	-1.609
10	-0.9	-2.302
5	-0.95	-2.995
2	-0.98	-3.912
1	-0.99	-4.605

deformation, SPD) を与えても公称ひずみでは−1を超えることがない。その結果として，**図7.4**に示すように，公称応力−公称ひずみ曲線では引張変形と圧縮変形とが対称性を有さない。これに対し，真応力−真ひずみ曲線ではこれを有する。このように，真ひずみを用いれば，圧縮変形と引張変形の差が議論しやすい。

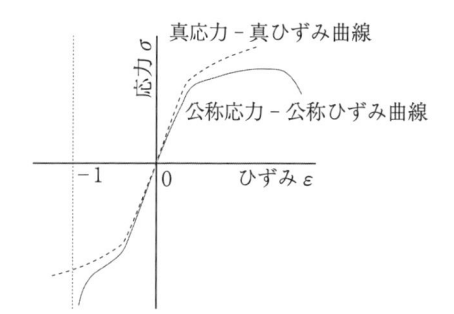

図7.4 真応力−真ひずみ曲線と公称応力−公称ひずみ曲線

7.2 すべり変形の結晶学

前述のように，弾性変形中は原子間の相対位置はほとんど変化しない。これに対し，塑性変形は**すべり変形**（slip deformation）による原子間の相対位置変化に基づく。すべりはどの面でも同じように生じるのではなく，材料には**図7.5**（a）に示すように結晶学的に決まるすべりやすい面が内在する。この材料に荷重 F を与え，引張塑性変形を生じさせると，図（b），（c）のように変形

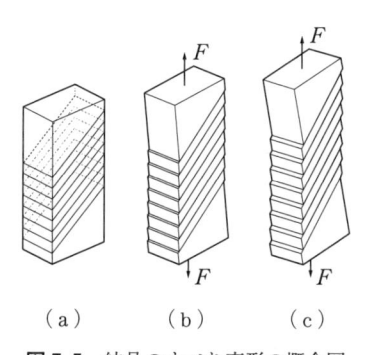

図7.5 結晶のすべり変形の概念図

していく。ちょうど積み重ねたトランプの山を，少しずつずらすような変形である。さらに，このすべり面内でも，特定のすべりやすい方向が存在する。**すべり面**（slip plane）は一般的に最密面であり，**すべり方向**（slip direction）は必ず最密方向である。

したがって，fcc 構造，bcc 構造および hcp 構造のおもなすべりは，それぞれ例えば**図7.6**（a），（b）および（c）に示す面と方向で生じる。fcc 構造の場合，{111} 面⟨110⟩方向が最密面最密方向となる。**図7.7**に示すように {111} 面には等価な面が四つあり，各 {111} 面上には三つの ⟨110⟩ 方向が存在する。このように fcc 構造の**すべり系**（slip system）の数は 12 となる。また，

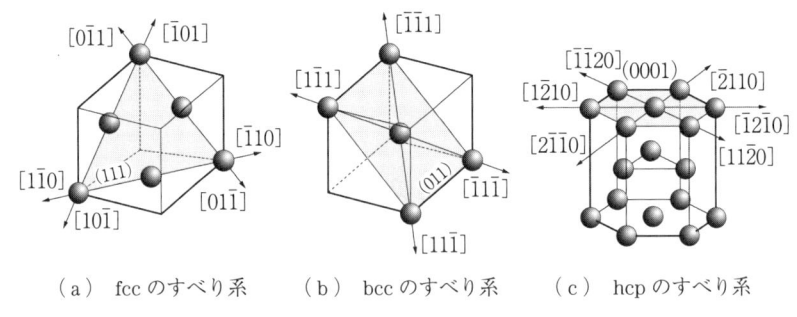

（a） fcc のすべり系　　（b） bcc のすべり系　　（c） hcp のすべり系

図7.6　金属の代表的な結晶構造のすべり面とすべり方向の例

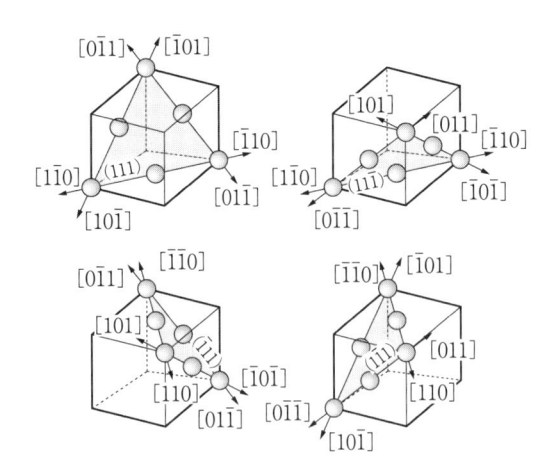

図7.7　fcc 構造のすべり系

bcc 構造の場合，{110} 面 ⟨111⟩ 方向が最密面最密方向となり，**図 7.8** に示すようにすべり系の数は 12 となる。これに対し，hcp 構造の場合，図 7.6（c）に示したように，最密面が (0001) 面，最密方向が ⟨11$\bar{2}$0⟩ であるので，すべり系の数は三つしかない。10 章の材料各論で学ぶが，一般的に hcp 構造の材料は室温での塑性変形が困難である。

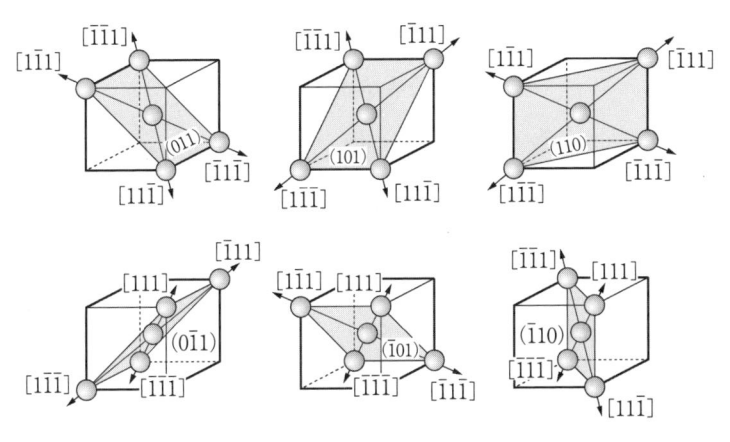

図 7.8 bcc 構造のすべり系

7.3 単結晶金属におけるすべりの幾何学（シュミットの法則）

7.3.1 シュミットの法則

円筒形の単結晶試料の引張変形を考える。**図 7.9** に示すように，引張力を F，試料の断面積を A，すべり方向 d と引張軸との間の角度を ϕ，すべり面法線ベクトル n と引張軸との間の角度を θ とすると，加えた力 F のすべり方向成分は $F\cos\phi$，すべり面の面積は $A/\cos\theta$ となる。すべり方向成分の剪断応力を**分解剪断応力**（resolved shear stress）τ_0 と呼び

$$\tau_0 = \frac{F}{A}\cos\theta\cos\phi = \sigma\cos\theta\cos\phi \tag{7.12}$$

である。ここで，$\cos\theta\cos\phi$ を**シュミット因子**（Schmid factor）と呼ぶ。シュミット因子は絶対値で 0 ～ 0.5 の値をとる。ある方向から単結晶試料に応力を

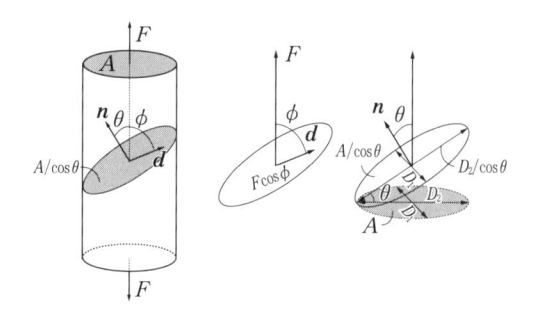

図7.9 分解剪断応力の求め方

印加したとき，7.2節で学んだすべり系のうち，絶対値で最大のシュミット因子をもつすべり系がまず活動する。これを**主すべり系**（primary slip system）と呼ぶ。ここで降伏が起こる（図7.2）。付加応力が増加すると，他のすべり系についても臨界値に達して順次活動しはじめ，多重すべりを起こす。これが加工硬化の原因の一つである。

単結晶にさまざまな方向から引張応力を加えて降伏を生じさせた場合，降伏応力は方向ごとに異なる。しかし，それらの降伏応力の主すべり系に対する分解剪断応力，すなわち**臨界分解剪断応力**（critical resolved shear stress，CRSS）は引張方向に依存しない。つまり，単結晶における降伏応力の結晶方位依存性は，応力付加方向に依存してシュミット因子の値が変化することによる。このように，臨界分解剪断応力が一定値となることを**シュミットの法則**（Schmid's law）と呼び，fcc構造とhcp構造の金属でよく成り立つことが知られている。

7.3.2 単結晶の応力-ひずみ曲線

上に述べたように，単結晶を引張変形すると**図7.10**に示したような応力-ひずみ曲線が得られる。応力-ひずみ曲線は単結晶の引張軸方位によって大きく異なるが，一般的には単結晶Aのようになる場合が多い。すなわち降伏後，主すべり系のみが活動する第Ⅰ段階，多重すべりが起こり直線的に変形抵抗が増加する第Ⅱ段階，そして交差すべり（7.7節参照）が起こり転位密度も上限近くまで上昇し応力-ひずみ曲線が放物線を描く第Ⅲ段階である。

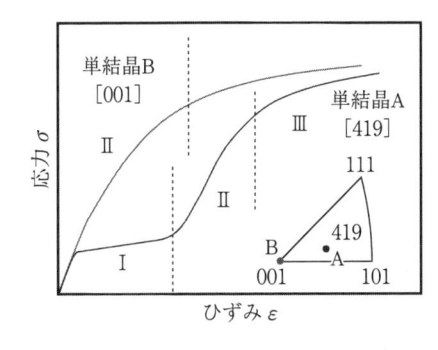

図7.10 単結晶金属の応力-ひずみ曲線

第I段階では臨界分解剪断応力に達するすべり系が一つしかなく，したがって図7.5のようなトランプをずらしたような変形が起っている。このときの降伏応力を σ_y とすると，**主すべり面**（primary slip plane）の臨界分断剪断応力は σ_y と主すべり面のシュミット因子の積で求めることができる。しかし，徐々に変形抵抗が増加することにより，臨界分解剪断応力に到達した二つ目のすべり系が活動し始めると，急激に変形抵抗が増加する第II段階となる。

変形抵抗の急増は，同時に二つのすべり系が活動するため，主として後述する転位の密度上昇，ローマーの不動転位やローマー-コットレルの不動転位の生成と深く関連する。同時に亜粒界も形成される。その後さらに変形を続けるとさらに多くのすべり系が活動するが，交差すべりも活発に起るため変形抵抗の上昇は小さくなる。一方，単結晶Bの例のように塑性変形開始直後から第II段階の変形が起こることがある。これは複数のすべり系のシュミット因子がほぼ等しい場合，降伏後すぐに二つ以上のすべり系が活動を開始するためである。

7.4 双晶変形

3.3.1項で述べたように，結晶中でたがいに特定の面を鏡映面（双晶界面）とするような位置関係にある一対の結晶粒の組を双晶と呼び，双晶界面を境に母相と双晶とは鏡影関係にある。すべり変形が生じにくい場合，**図7.11**に示

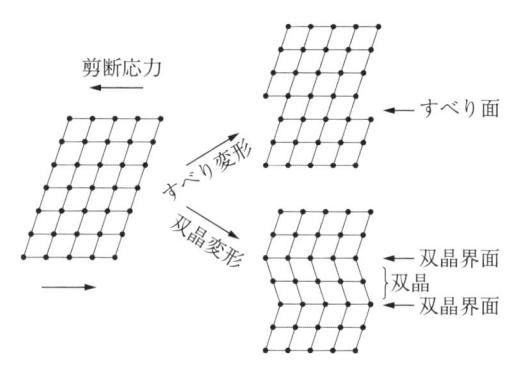

図7.11 すべり変形と双晶変形

すように**双晶変形**(twin deformation, twinning)により変形が担われる。この双晶変形が生じるためには一般的に高い応力が必要で，上に述べたすべり面の活動による変形が困難なとき発生しやすい。すなわち，すべり変形が妨げられる各種欠陥や析出物の存在，あるいはすべり変形だけでは塑性変形がまかないきれない高速・極低温変形などの条件下で起こりやすい。

7.5 金属の理想強度と転位

つぎに金属の理想強度を**図7.12**により評価しよう。図のように上下2層の原子層があり，この層間にすべりを生じさせる。上の原子層(第2層)に変位 x を与えるために必要な応力 τ が x の正弦関数であると仮定すると

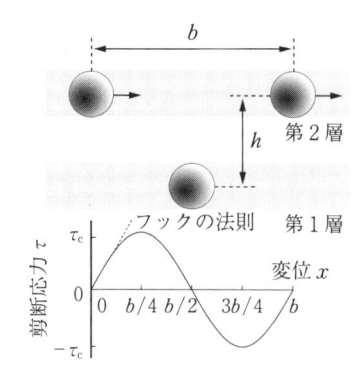

図7.12 完全結晶の原子の変位による塑性変形

7.5 金属の理想強度と転位

$$\tau = \tau_c \sin\left(\frac{2\pi x}{b}\right) \tag{7.13}$$

とおける。ここで τ_c は剪断応力の最大値である。変位が小さいとき $\sin\theta \fallingdotseq \theta$ なので

$$\tau = \tau_c \frac{2\pi}{b} x = \tau_c \frac{2\pi h}{b} \cdot \frac{x}{h} \tag{7.14}$$

となる。ここで第2層に x の変位が与えられた場合，剪断ひずみ γ は x/h なので，剛性率を μ とすると

$$\tau = \mu \frac{x}{h} = \tau_c \frac{2\pi h}{b} \cdot \frac{x}{h} \tag{7.15}$$

となり，これを整理すると

$$\tau_c = \frac{\mu b}{2\pi h} \tag{7.16}$$

となり，これを式 (7.13) に代入する。最大の剪断応力は $\sin(2\pi x/b) = 1$ のときであり，また，$h \fallingdotseq b$ なので

$$\tau_c = \frac{\mu}{2\pi} \fallingdotseq \frac{\mu}{6} \tag{7.17}$$

となり，完全結晶は剛性率 μ の約 1/6 の剪断応力を加えると，第2層の原子群が同時にすべることとなる。**表7.2** に金属の剛性率と臨界分解剪断応力 (CRSS) の値を示す。格子欠陥 (転位) をほとんど含まないウィスカーでは実測値が理論値に近いものの，通常の材料では，理論的な臨界分解剪断応

表7.2 各金属の剛性率と臨界分解剪断応力 (CRSS) の値

金属	剛性率 μ [GPa]	CRSS [MPa]	剛性率と CRSS との比
Al	26.1	0.8	32 600
Cu	48.3	0.5	96 600
Fe	81.6	17	4 800
Ag	30.3	0.38	79 700
Cu ウィスカー		2 000〜3 000	24
Fe ウィスカー		840	97
Ag ウィスカー		710	43

力（CRSS）と実測値とでは千倍以上の差がある。

図7.13（a）のように，絨毯が敷かれた部屋の中に人が立っている場合を考えてみよう。部屋の片側では絨毯はたるんでしまい，反対側では絨毯が足りていない。図（b）のように足りない側から絨毯を引っ張り，部屋全体に絨毯が敷けるようにしようとしたが，それには非常に大きな力がいる。そこで，図（c）から図（e）のようにたるんだ部分を徐々に動かすことにより，最終的に図（f）のように絨毯を動かすことができた。めんどうくさいかもしれないが，急がば回れである。一つ一つの過程には大きな労力は必要ないであろう。

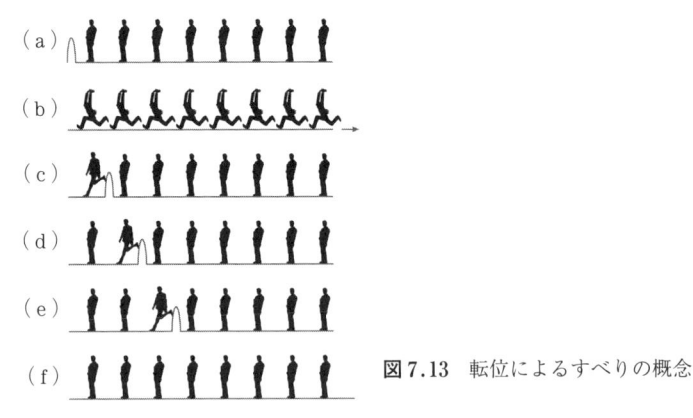

図7.13　転位によるすべりの概念

この節で計算した理想強度は図（b）のように一気にすべりを生じさせた場合の値である。実際には材料中の欠陥の存在によって，より低い応力で塑性変形が生じる。この欠陥が，次節以降にて詳しく説明する転位である。

7.6　転位における原子配列

3.2節で簡単に説明したが，材料中には転位と呼ばれる1次元的すなわち線状の欠陥がある。転位には刃状転位，らせん転位およびこれらの両方の性質をもつ混合転位がある。本節では，まず，転位構造と転位の移動によるすべり変形を学ぶ。

7.6.1 刃状転位

図7.14に**刃状転位**（edge dislocation）の原子モデルの模式図を示す。この格子欠陥は**図7.15**（a）に示した完全結晶の中に**余分な半原子面**（extra half-plane）を挿入することで作ることができる（図（b））。この余分な半原子面の直下では図（c）に示すような線状の格子欠陥を形成しており，これが刃状転位である。通常，図7.14に示すように，転位線上，余分な半原子面に向かって⊥の記号を用いて表す。

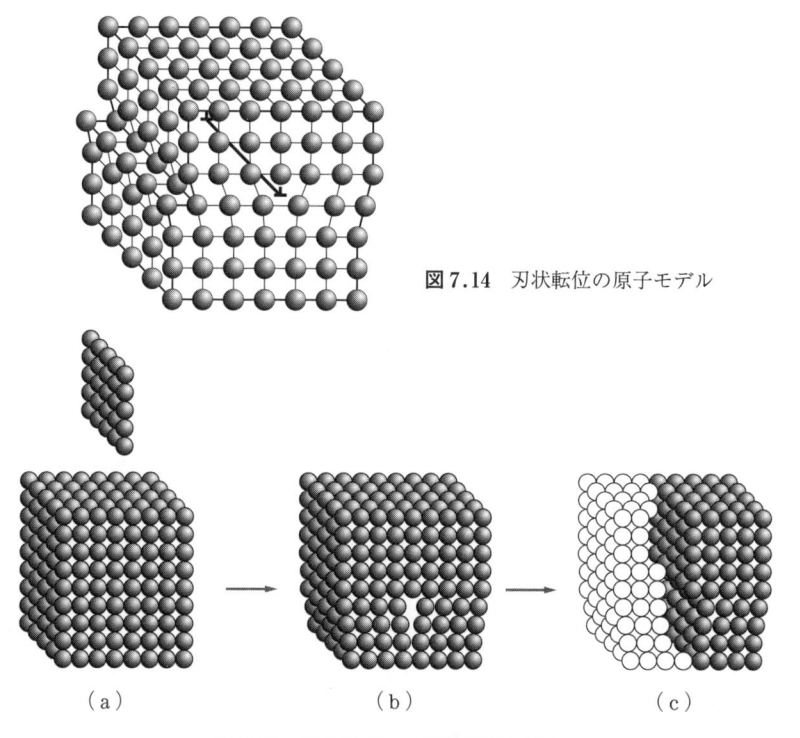

図7.14 刃状転位の原子モデル

図7.15 完全結晶への刃状転位の導入

剪断応力を受けた場合の刃状転位の運動を**図7.16**に示す。結晶の上部には右側への，結晶の下部には左側への剪断応力が印加されている。これに伴い，刃状転位は結晶中，右方向へと移動している。各図の下には図7.13で示した絨毯のたるみを付してある。転位の運動と絨毯のたるみの運動が類似して

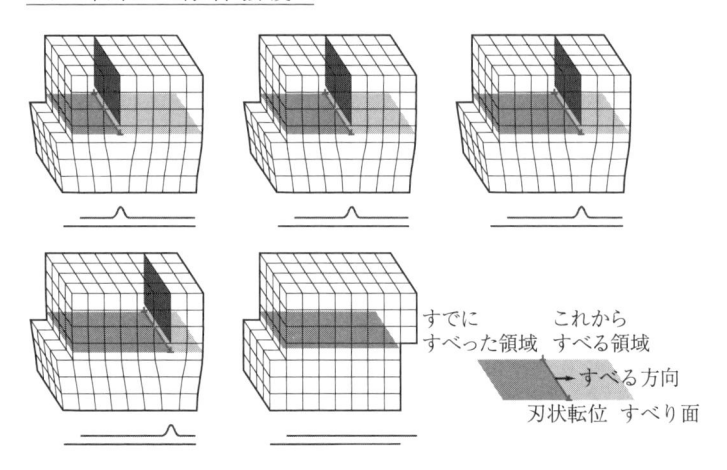

図7.16 刃状転位の運動によるすべり変形

いることが理解できるであろう．すでに3.2節で述べたが，転位は，すべり面上で，すでにすべった領域と，まだすべっていない領域との境界に存在する．刃状転位では転位線の方向とすべる方向とが垂直であり，そのためすべり面が一義的に決定されることに注意してほしい．

7.6.2 らせん転位

らせん転位(screw dislocation)の原子配列の模式図を**図7.17**に示す．転位線を中心にその周りを一周すると，転位線方向に一段ずれた原子面に移動する．すなわち，転位線周りにおいて，原子面はらせん階段のように配列している．

図7.18に，結晶の上部には右側への，結晶の下部には左側への剪断応力が

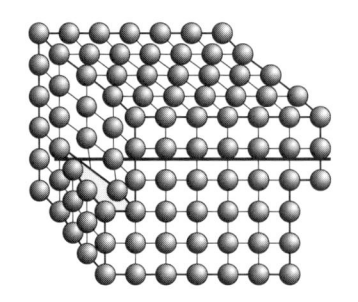

図7.17 らせん転位の原子モデル

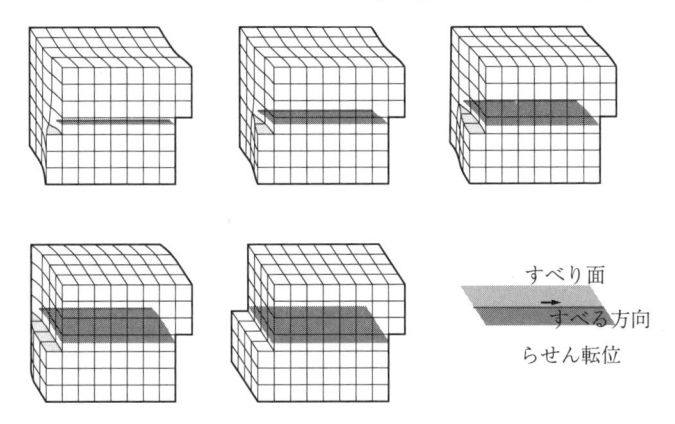

図 7.18 らせん転位の運動によるすべり変形

印加された場合のらせん転位の運動を示す．この剪断応力の印加に伴い，らせん転位は結晶中，奥行き方向へと移動している．転位の移動方向と，剪断応力の印加方向は垂直である．転位線と結晶のすべり方向とが平行であることに注意してほしい．そのような移動方向を含むすべり面は多数あり，それらへのらせん転位の移動が可能である．すなわち，らせん転位には幾何学的に決まる特定のすべり面がないことを意味し，後に述べる交差すべりが可能となる．

7.6.3 混合転位

混合転位（mixed dislocation）は，刃状転位の成分とらせん転位の成分とが混合して合成された転位である．その模式図を**図 7.19** に示す．図中，左側の

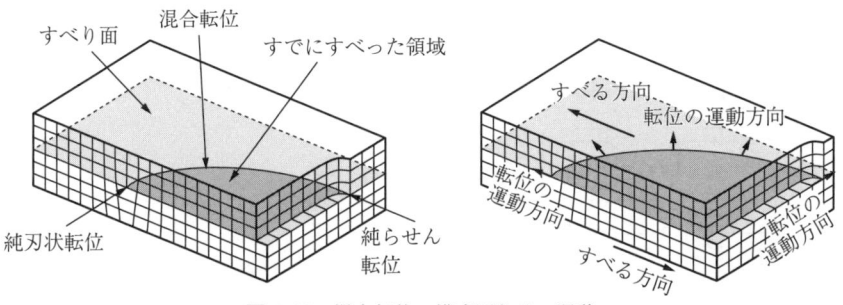

図 7.19 混合転位の模式図とその運動

結晶表面に刃状転位が突き抜けており，右側の結晶表面にらせん転位が突き抜けている。この間を結ぶ転位は，刃状転位の成分とらせん転位の成分とをもつ混合転位になっている。

7.6.4 刃状転位，らせん転位および混合転位の差異

刃状転位，らせん転位および混合転位の差異は**図7.20**を用いると直感的に理解しやすい。まず，図（a）に示した物体に三つの方法で切れ目を入れる。図（b）では右から，図（c）では手前から，そして，図（d）では右手前からである。ここで物体の上側に左方向へ，下側に右方向への剪断応力を印加する。先ほどの切れ目部分ですべりが生じる。このとき，物体におけるすべりの方向は，図の左右方向である。その結果，図（e），（f），（g）のようになる。すべった領域とすべっていない領域の境界線が転位に相当し，それぞれ刃状転位，らせん転位および混合転位となる。刃状転位のすべり方向は転位線と垂直であり，らせん転位ではすべり方向と転位線とが平行となる。また，混合転位の場合，すべり方向と転位線はある角度をなすこともわかる。

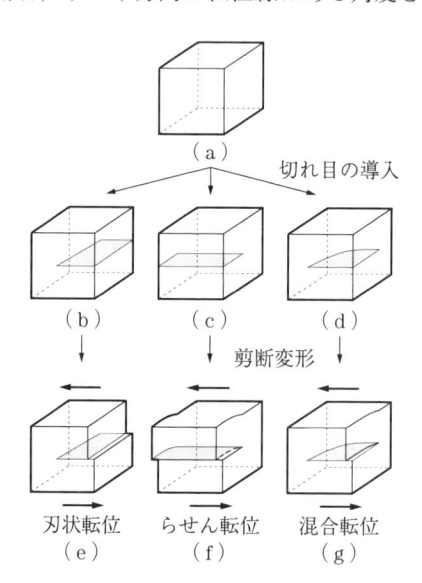

図7.20 完全結晶への転位の導入

7.7 交差すべり

7.2節でも説明したが,図7.21(a)に示すように結晶には等価なすべり面が複数存在する。7.3節で説明したように,それらの間にシュミット因子によるすべりやすさの優劣があり,最もすべりやすい面が主すべり面である。

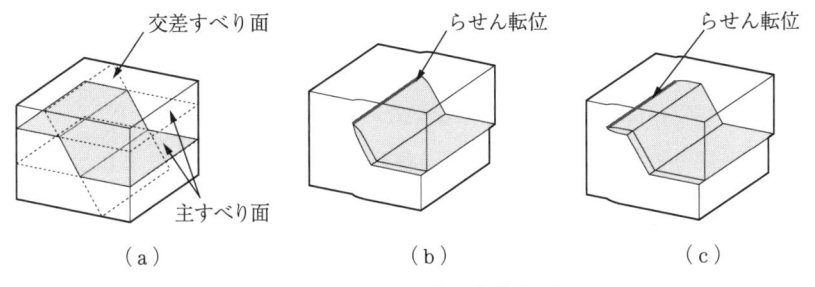

図7.21 らせん転位の交差すべり

らせん転位はすべる方向と転位線の方向が平行であるため,その移動は一つのすべり面に限定されず,別のすべり面に移ってもすべり変形を継続できる。これを**交差すべり**(cross-slip)といい,模式図を図(b)に示す。例えば主すべり面上をらせん転位が運動中に,なんらかの障害物に出会ったときなどに,障害物を避けるように交差すべりは起こる。障害物を避けたあと,図(c)のように交差すべりした転位が再び元のすべり面と平行なすべり面に交差すべりすることを**二重交差すべり**(double cross-slip)という。

7.8 転位密度

転位は線欠陥であるため,結晶中に含まれる転位の量は,単位体積の結晶中に含まれる転位の全長で記述でき,これを**転位密度**(dislocation density)という。焼鈍により十分に軟化させた金属でも,転位密度 ρ は $10^8 \sim 10^9\,\mathrm{m^{-2}}$ 程度であり,強加工した金属では $10^{14} \sim 10^{15}\,\mathrm{m^{-2}}$ にも及ぶ。加工した材料 $1\,\mathrm{cm^3}$ 中の転位の総延長は,地球から月までを往復する距離に匹敵する。

7.9 バーガース・ベクトル

すべり面上を転位が動いたあと，すべり面を挟んだ上下の格子の相対的変位を表すベクトル（すべりベクトル）を**バーガース・ベクトル**（Burgers vector）という。バーガース・ベクトルの大きさと方向は結晶構造によって決まり，一般に最密方向の原子間距離（最近接原子間距離）と等しく，方向は最密方向である。これは，転位が移動したとき，結晶全体の形は変形しても，原子は平行移動するだけで結晶構造を変化させないためである。

バーガース・ベクトルを用いると，各転位は以下のように表すことができる。すなわち，刃状転位は転位線とバーガース・ベクトルとが垂直であり，らせん転位では，転位線とバーガース・ベクトルとが平行となる。また，混合転位の場合，転位線とバーガース・ベクトルは垂直でも平行でもない。

7.9.1 バーガース回路

バーガース回路（Burgers circuit）を用いることにより，バーガース・ベクトルを求めることができる。**図7.22**（a）および（b）に，それぞれ刃状転位

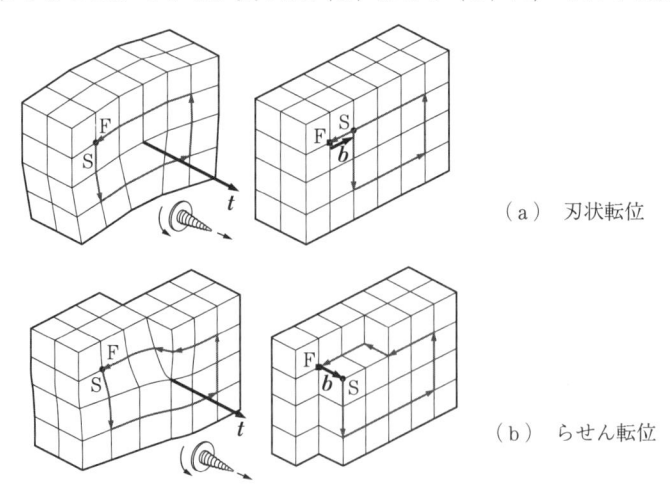

(a) 刃状転位

(b) らせん転位

図 7.22 バーガース回路とバーガース・ベクトルの求め方

およびらせん転位におけるバーガース・ベクトルの求め方を示す。まず，転位線の方向 t を決め，任意の格子点 S を始点として，ベクトル t の方向が進行方向となるような右ネジ回転によって，転位の周囲に格子点を順次結んだ閉回路を作る。これがバーガース回路であり，その終点 F と始点 S とを一致させる。つぎに，転位を含まない完全結晶を考え，この完全結晶格子上に同じ回路を作る。このとき，転位を含む結晶では完全な閉回路であったものが，完全結晶ではそうはならない。閉じない部分を終点 F から始点 S に向けてベクトルで結ぶと，これが求めるバーガース・ベクトル b となる。

7.9.2 バーガース・ベクトルの基本的性質

バーガース・ベクトルの基本的性質として，バーガース・ベクトルの保存がある。1本の転位線を1周するようにとったバーガース回路はすべて等価であり，1本の転位線はどの部分でも同じバーガース・ベクトルをもつ。このことは，バーガース・ベクトルは保存されることを意味する。転位は結晶の中で終端をもつことができず，1本の転位は，閉じたループになっているか，あるいは両端が結晶の表面もしくは粒界に出ているかのいずれかである。

バーガース・ベクトル b_1 の1本の転位が，バーガース・ベクトル b_2, b_3 の2本の転位に分解すると，バーガース・ベクトルの保存から

$$b_1 = b_2 + b_3 \tag{7.18}$$

となる。転位の向きのとり方を変えれば，3本の転位が1点に集まったと考えることもでき

$$b_1 + b_2 + b_3 = 0 \tag{7.19}$$

となる。

したがって，**結合点**（node）へ流れ込むすべての転位のバーガース・ベクトルのベクトル和はつねに0である。これは，転位におけるキルヒホッフの法則と呼ばれる。

7.10　転位の周りの応力場

z軸上に右巻きのらせん転位が存在すると，転位の周りの弾性応力場は

$$\sigma^s{}_{xz} = -\frac{\mu b}{2\pi}\frac{y}{x^2+y^2}$$

$$\sigma^s{}_{yz} = \frac{\mu b}{2\pi}\frac{x}{x^2+y^2} \quad (7.20)$$

$$\sigma^s{}_{xx} = \sigma^s{}_{yy} = \sigma^s{}_{zz} = \sigma^s{}_{xy} = 0$$

で表され，剪断応力のみが存在する。ここでμは剛性率である。また，z軸上の刃状転位の周りの応力場は，すべり面をxz面，すべり方向をx軸にとると

$$\sigma^e{}_{xx} = \frac{-Dy(3x^2+y^2)}{(x^2+y^2)^2}$$

$$\sigma^e{}_{xy} = \frac{Dx(x^2-y^2)}{(x^2+y^2)^2}$$

$$\sigma^e{}_{yy} = \frac{Dy(x^2-y^2)}{(x^2+y^2)^2} \quad (7.21)$$

$$\sigma^e{}_{zz} = \nu(\sigma^e{}_{xx} + \sigma^e{}_{yy})$$

$$\sigma^e{}_{yz} = \sigma^e{}_{zx} = 0$$

となる。ただし，Dはポアソン比νを用いて$D=\mu b/2\pi(1-\nu)$である。

両式からわかるように，転位の周りの応力場は距離に反比例して弱くなるが，遠くまで影響を及ぼすので，**長距離応力場**（long range stress field）といわれる。らせん転位では，対角和（トレース）が0であるのに対し，刃状転位では対角和は0でなく，静水圧成分$(\sigma^e{}_{xx}+\sigma^e{}_{yy}+\sigma^e{}_{zz})/3$が存在する。これは，7.20節で述べるコットレル効果がらせん転位で生じず，刃状転位で生じることの原因である。

7.11 転位に働く力

図 7.23 に示すように，すべり面上にある転位において，長さ dl の部分が x だけ動く場合を考えよう。ここで作用している外部剪断応力を τ とすると，面積 $dl \times x$ の部分のすべり面において，上下の結晶が相対的にバーガース・ベクトルの大きさ b だけずれることになる。ここで，外力 F のした仕事 w は

$$w = Fb = (\tau \times dl \times x) \times b \tag{7.22}$$

となる。これを

$$w = \tau b \, dl \times x \tag{7.23}$$

とみると，w は長さ dl の転位が $\tau b \, dl$ の力を受けて x だけ動いたときに外力のした仕事と考えることができる。すなわち，転位をあたかも実体がある物とみなせば，単位長さ当りの力 f は

$$f = \tau b \tag{7.24}$$

であるという重要な関係が得られる。

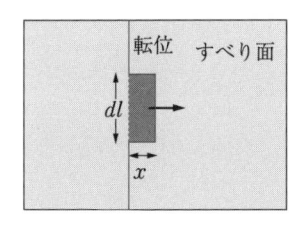

図 7.23 外部剪断応力下で運動する長さ dl の転位部分

7.12 転位の自己エネルギー

転位は単位長さ当り E_0 の弾性エネルギー（自己エネルギー）をもち，その大きさは

$$E_0 = \alpha \mu b^2 \quad (0.5 < \alpha < 1) \tag{7.25}$$

である。μ は剛性率であり，α は転位の種類，ポアソン比などによって異な

る。このことは，転位になにも力が働かない場合には，転位はその長さを短くしようとすることを示している。ある長さ l の転位を Δl だけ伸ばした場合を考えよう。自己エネルギーを E_0 として，転位のエネルギー差 ΔE_0 は，$\Delta E_0 = \alpha \mu b^2 \Delta l$ と表される。このとき，この転位に働く熱力学的な力は

$$-\frac{dE_0}{dl} = -\lim_{\Delta l \to 0}\frac{\Delta E_0}{\Delta l} = -\alpha \mu b^2 \tag{7.26}$$

となる。転位が湾曲するとその長さが増し，エネルギーも増加することになる。この場合，転位を縮めようとする力，すなわち**線張力**（line tension）が生じる。線張力は縮もうとする力のためマイナスの符号がつくが，線張力の大きさ T を表すときには符号を外して

$$T = \alpha \mu b^2 \quad (0.5 < \alpha < 1) \tag{7.27}$$

と表される。

図 7.24 に示すような曲率半径 R で曲がった転位の微小部分 $\Delta s (= 2R\theta)$ を考える。両端での線張力の合力（転位の運動方向と逆向きへの分力）は，θ が小さいとき $2T_L \sin\theta \simeq 2T_L \theta$ となる。曲がった転位を安定に保つためにはこの力と大きさが同じで逆向きの力を転位に与える必要がある。外部剪断応力を τ とすると，Δs の部分には $\tau b \Delta s$ の力が働くので

$$\tau b \Delta s = 2 T_L \theta \tag{7.28}$$

よって，$\alpha = 0.5$ とすると

$$\tau = \frac{\mu b}{2R} \tag{7.29}$$

という転位論で一番重要な式が導き出せる。このように，曲率半径が小さいほど大きな応力を転位に与える必要があることがわかる。この式は材料の強化法

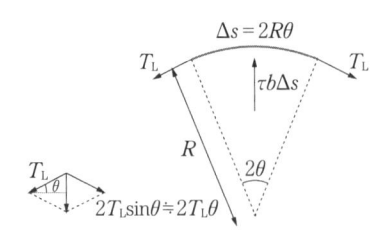

図 7.24 転位の線張力と外部剪断応力の釣り合い

の指針を表し，転位のピン止め点間の距離を狭くすることが有効であることを意味する。詳細は8章で学ぶ。

7.13 すべり運動（パイエルス応力）

転位は剪断力によってすべり面上を移動する。**パイエルス応力**（Peierls stress）は，ほかに欠陥がない結晶の中で，転位が結晶の周期的ポテンシャルを乗り越えて運動するために必要な応力であり

$$\tau_\mathrm{p} = \frac{2\mu}{1-\nu} \exp\left(-\frac{2\pi}{1-\nu} \cdot \frac{d}{b}\right) \tag{7.30}$$

で示される。ここで，d は面間隔である。最密面で最密方向に転位のすべり運動が起こるのは，パイエルス応力が最小であることによる。金属材料に比べて，セラミックスは容易に塑性変形が生じない。これはセラミックスのパイエルス応力が大きいことを示している。

7.14 部分転位とその性質

これまで，転位の運動前後で結晶構造に変化が生じないという前提のもとにその運動を考えてきた。このような転位を**完全転位**（perfect dislocation）という。しかし，これとは別の，完全ではない転位が存在する。ここで，fcc の最密面(111)面の原子積層を**図7.25**（a）に示す。fcc (111) 面の積層である ABCABCA…積層を保持しながら上層の原子を移動させるためには，すべり方向は [$\bar{1}$10] でなければならない。しかし，図（b）をみてわかるように，[$\bar{2}$11] 方向の原子移動と [$\bar{1}$2$\bar{1}$] 方向の原子移動，2段階に原子移動が分かれれば，下層の原子の山を越えることなく，谷を通って移動が可能である。すなわち，バーガース・ベクトル $b_1 = a/2\,[\bar{1}10]$ の完全転位が2本の転位，$b_2 = a/6\,[\bar{2}11]$ および $b_3 = a/6\,[\bar{1}2\bar{1}]$ に分かれて運動すれば，より容易に移動が完了する。

114   7. 転位と材料強度

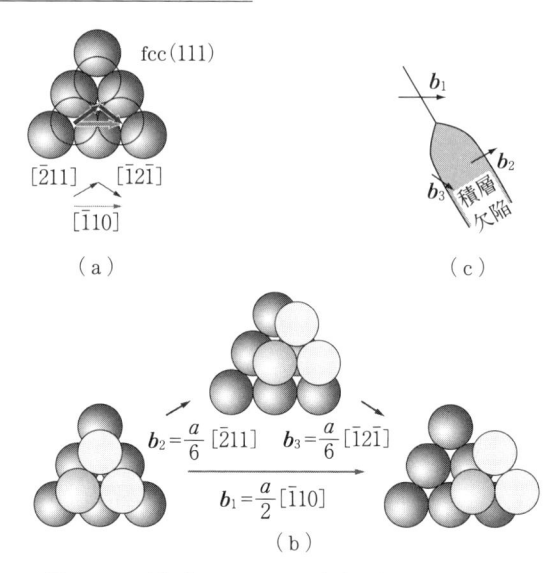

図 7.25 剛体球モデルによる完全転位の分解の概念

$$\frac{a}{2}[\bar{1}10] \rightarrow \frac{a}{6}[\bar{2}11] + \frac{a}{6}[\bar{1}2\bar{1}] \tag{7.31}$$

ここで，分解後の転位を**部分転位**（partial dislocation）と呼ぶ。これは図（b）に示すように，まず，$b_2 = a/6\,[\bar{2}11]$ のバーガース・ベクトルをもつ部分転位により原子移動を生じさせ，つぎに $b_3 = a/6\,[\bar{1}2\bar{1}]$ のバーガース・ベクトルをもつ部分転位による移動が起きると，完全転位による移動と同等になる。

図（c）に示すように，1本目の部分転位（$a/6\,[\bar{2}11]$）のすべりの後，2本目の部分転位（$a/6\,[\bar{1}2\bar{1}]$）がすべるまでの間，最密面の積層は ABC<u>ABAB</u>CA …となり，一部は ABAB の六方最密晶と同じ積層（2.3節参照）になる。このような積層に関する面欠陥が**積層欠陥**である。積層欠陥の両端の2本の部分転位とその間の積層欠陥を含めて拡張転位という。

前述のように，転位の自己エネルギーは b^2 に比例する。そこで，つぎに完全転位と部分転位の自己エネルギーを式（7.25）から比べてみよう。

$$|b_1|^2 = \frac{a^2}{2^2}\{(-1)^2 + 1^2 + 0\} = \frac{a^2}{2}$$

$$|\boldsymbol{b}_2|^2 + |\boldsymbol{b}_3|^2 = \frac{a^2}{6^2}\{(-2)^2 + 1^2 + 1^2\} + \frac{a^2}{6^2}\{(-1)^2 + 2^2 + (-1)^2\}$$

$$= \frac{a^2}{6} + \frac{a^2}{6} = \frac{a^2}{3} \qquad (7.32)$$

となり

$$|\boldsymbol{b}_1|^2 > |\boldsymbol{b}_2|^2 + |\boldsymbol{b}_3|^2 \qquad (7.33)$$

である．したがって，この転位は2本の部分転位に分解したほうがエネルギー的に有利である．

積層欠陥は面欠陥であるので，面積に比例した**積層欠陥エネルギー**（stacking fault energy）を有する．種々の金属の積層欠陥エネルギーの値を**表7.3**に示す．

表7.3 各種金属の積層欠陥エネルギーの値〔mJ/m^2〕

Ag (fcc)	Cu (fcc)	Ni (fcc)	Al (fcc)	Fe (bcc)	Mo (bcc)
20	40	80	200	950	1 840

積層欠陥エネルギーまで考慮すると，式 (7.33) の不等式は以下のようになる．

$$\alpha\mu|\boldsymbol{b}_1|^2 > \alpha\mu|\boldsymbol{b}_2|^2 + \alpha\mu|\boldsymbol{b}_3|^2 + \Gamma L \qquad (7.34)$$

ここで，Γ は単位面積当りの積層欠陥エネルギー，L は部分転位間の距離（積層欠陥の幅）である．これから，積層欠陥エネルギーが大きい場合，拡張転位の幅が狭くなり，あるいは積層欠陥そのものが現れがたくなることがわかる．Alなどがその例である．これに対し，18-8ステンレス鋼のように積層欠陥エネルギーが低い場合（～10 mJ/m^2），拡張転位の幅は広くなる．模式図を**図7.26**に示す．

らせん転位が交差すべりできることを7.7節で述べた．では，具体的にfccのらせん転位の交差すべりはどう進行するのであろうか．拡張した各部分転位のバーガース・ベクトルは完全転位のそれとは異なるため，らせん転位が拡張した場合であっても，交差すべりのためには，拡張転位がいったん，完全転位へと**収縮**（constriction）しなければならない．収縮の条件は拡張転位の幅と関連し，図 (a) のように積層欠陥エネルギーが大きく，拡張転位の幅が小さい金属では交差すべりが容易であるが，図 (b) のように積層欠陥エネルギー

(a) 積層欠陥エネルギーの大きい fcc 金属

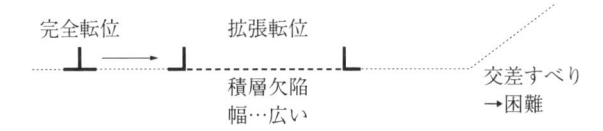

(b) 積層欠陥エネルギーの小さい fcc 金属

図 7.26 積層欠陥エネルギーと拡張転位の関係

の小さい金属では，交差すべりは困難である．交差すべりの難易は加工硬化率に大きく影響し，低積層欠陥エネルギーの金属では，加工硬化率が大きくなりやすい（8.1.2 に詳述）．

7.15 ローマーの不動転位とローマー‐コットレルの不動転位

図 7.27 に示すように，fcc 結晶の二つのすべり面 (111) と ($\bar{1}$11) は [0$\bar{1}$1] 方向を共有して交差する．これらのすべり面上には異なるバーガース・ベクトルをもつ完全転位が 3 種類ずつ（逆符号も数に入れれば 6 種類ずつ）存在する．これらの中で，(111) 面上の転位 $\boldsymbol{b}_1 = a/2\,[\bar{1}01]$ と ($\bar{1}$11) 面上の転位 $\boldsymbol{b}_2 = a/2\,[110]$ とを考えてみよう．図 7.28 (a) に (0$\bar{1}$1) の断面図を示す．こ

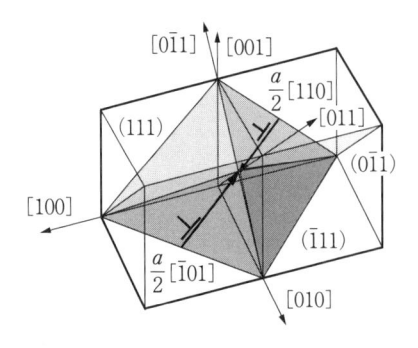

図 7.27 fcc 結晶の交差する二つのすべり面とその面上の転位

7.15 ローマーの不動転位とローマー‐コットレルの不動転位

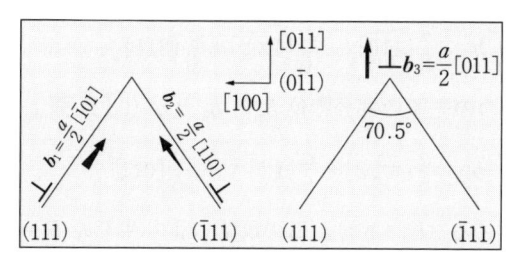

（a）反応前の二つの完全転位　（b）反応後の不動転位 b_3

図 7.28 ローマーの不動転位

の二つの転位が二つのすべり面の交差する $[0\bar{1}1]$ 線上で出会うと

$$b_1 + b_2 \to b_3 : \frac{a}{2}[\bar{1}01] + \frac{a}{2}[110] \to \frac{a}{2}[011] \tag{7.35}$$

という反応を示す（図（b））．このとき，式 (7.35) を式 (7.25) に当てはめると転位の自己エネルギーは減少することがわかる．反応によりできた転位 b_3 はバーガース・ベクトルが $a/2[011]$ の刃状転位であり，そのすべり面は (100) 面となる．しかし，(100) 面は fcc 結晶のすべり面ではないので，転位 b_3 はすべり運動をすることができず，後続の転位の運動を妨げる．この転位 b_3 を**ローマーの不動転位**（Lomer sessile dislocation）という．

7.14 節で記述したように，fcc 結晶の転位は部分転位に分解しているほうがエネルギー的に安定であり，図 7.28（a）は**図 7.29**（a）に示すように

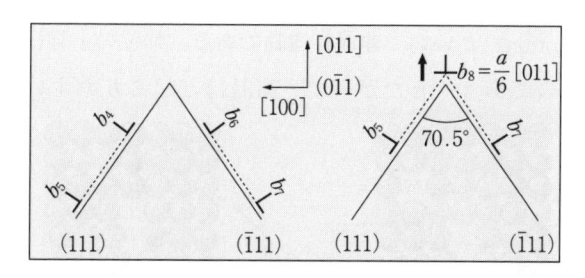

$$b_1 \to b_4 + b_5 : \frac{a}{2}[\bar{1}01] \to \frac{a}{6}[\bar{1}\bar{1}2] + \frac{a}{6}[\bar{2}11] \tag{7.36}$$

（a）反応前の2組の部分転位　（b）反応後の不動転位

図 7.29 ローマー‐コットレルの不動転位

となる。おのおのの先頭の部分転位 b_4 と b_6 とが $(0\bar{1}1)$ 面上で出会うと

$$b_2 \to b_6 + b_7 : \frac{a}{2}[110] \to \frac{a}{6}[12\bar{1}] + \frac{a}{6}[211] \tag{7.37}$$

となる。おのおのの先頭の部分転位 b_4 と b_6 とが $(0\bar{1}1)$ 面上で出会うと

$$b_4 + b_6 \to b_8 : \frac{a}{6}[\bar{1}\bar{1}2] + \frac{a}{6}[12\bar{1}] \to \frac{a}{6}[011] \tag{7.38}$$

という反応が生じる（図（b））。この反応により生じた $b_8 = a/6\,[011]$ の部分転位も同様に不動転位であり，これを**ローマー - コットレルの不動転位**（Lomer-Cottrell sessile dislocation）という。

ローマーの不動転位もローマー - コットレルの不動転位も多重すべりにより発生し，これにより後続転位の運動の障害となる。7.3.2項で説明したが，多重すべりが生じると大きな加工硬化を示す。

7.16 非保存運動

通常の転位のすべり運動に伴っては，転位周辺で局所的な原子数の変化はなく，これを**保存運動**（conservative motion）と呼ぶ。これに対して，転位周辺で局所的に原子の過不足を生じるような転位の運動が**非保存運動**（non-conservative motion）である。

ここで，図7.30（a）のように，刃状転位の直上，すなわち余分な半原子面下端の原子が拡散により移動したとする。このとき，転位運動はすべり面に対して垂直となる。このような，刃状転位のすべり面に対する垂直な運動を**上昇運動**（climb motion）といい，非保存運動である。転位の上昇は原子と空孔の移動に伴うものであり，したがって，高温ほど起こりやすい。図3.2や図

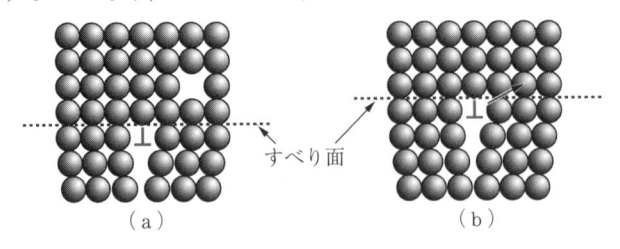

図7.30 刃状転位の上昇運動

7.15（c）に示したが，実際には余分な半原子面は奥行き方向にも並んでいる。したがって，原子1列分がすべて拡散により移動して初めて転位全体が上昇できる。

7.17 転位間にはたらく力

バーガース・ベクトルが b_1，b_2 である2本の平行な刃状転位を考える。図7.31のようにこれらの転位の長手方向を z 方向（紙面手前側）とし，x-y 平面内のみで考える。1本の転位の位置を原点 $(0,0)$ に固定したとき，位置 (x,y) に存在するもう一方の転位に働いている x 方向の力は

$$F_x = \frac{\mu b_1 b_2 x(x^2 - y^2)}{2\pi(1-\nu)(x^2+y^2)^2} \tag{7.39}$$

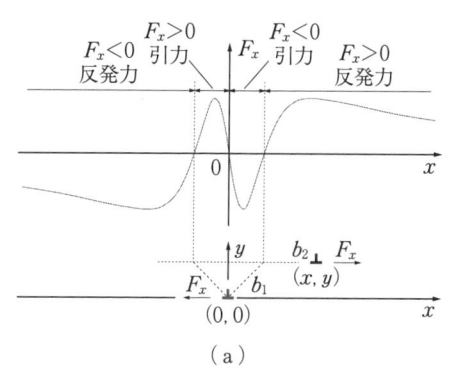

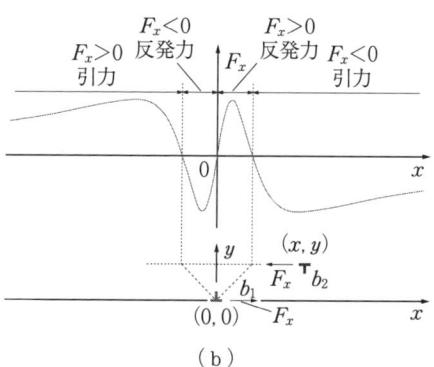

図7.31 異なるすべり面上にある刃状転位間に働く力

によって表される。

図(a)のように2本の転位が同符号の場合，$x=0$，すなわち2本の転位が上下に配列したときが安定となる。同符号の複数の刃状転位が上下に一列に並んだ場合，小傾角粒界となり，その両側の結晶はわずかな傾きをもつようになる(3.3.1項参照)。異符号の場合の結果を図(b)に示す。この場合では，$x=y$，すなわちたがいに45°の角度をなして配列しようとする。このような異符号の2本の転位の配列を**転位双極子**（dislocation dipole）と呼ぶ。

7.18 転位の増殖

金属結晶が塑性変形すると，**すべり線**（slip line）が表面に現れる。これは，変形により転位が表面に抜け出て生じたバーガース・ベクトルの大きさの表面原子面のずれの集積によるもので，光学顕微鏡でも観察可能である。多数の転位が同じすべり面を運動して表面に抜けたことを意味するが，初めからたくさんの同一符号の転位が結晶内部に存在するとは考えがたい。また，変形前の金属結晶に内在する転位のすべてが変形に寄与したと考えても，転位密度から見積もると1%程度の塑性変形しか見込まれない。したがって，塑性変形中に**増殖機構**（multiplication mechanism）によって転位が増えていると考えなければならない。

焼鈍によって転位密度が大きく低下した際に，一般には転位は**図7.32**で示されるような粗い網目構造を形成することがある。これは転位の線張力の釣り

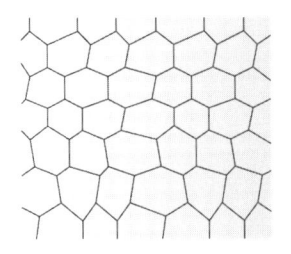

図7.32 よく焼鈍した金属中の転位の網目構造

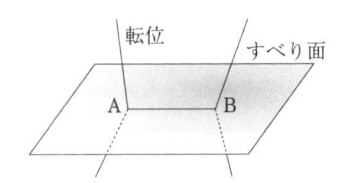

図7.33 すべり面上にある転位の網目構造の切片

あいを考えると安定な配置である。このような網目構造のうち，すべり面上に存在する転位の切片 AB を考える（**図 7.33**）。このとき，他の転位切片は主すべり面上には存在していないため，**図 7.34**（a）に示すように，点 A と点 B により転位切片はピン止めされていると考え，その間隔を d とする。図（b）から図（d）に示すように，外部剪断応力 τ が印加されて，転位が張り出していく過程を考える。ここで図（c）のとき，張り出した転位はちょうど半円形となり，曲率半径が最小となる。そのため，張り出しに要する剪断応力が最大となる。この最大の剪断応力 τ_{FR} は，$2r_2 = d$ により

$$\tau_{FR} = \frac{\mu b}{2r_2} = \frac{\mu b}{d} \tag{7.40}$$

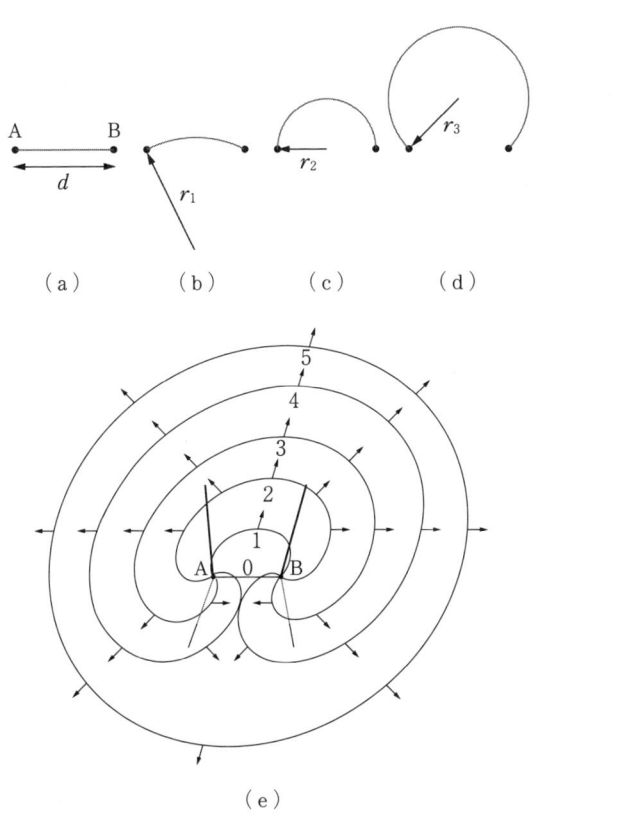

図 7.34 フランク–リード源と転位の増殖

となる。この応力を加えれば，図 (a) → 図 (b) → 図 (c) の過程の張り出しが可能であり，続く図 (c) → 図 (d) への張り出しは再び曲率半径が大きくなる方向なので，自動的に起こる。その際の最大応力下で引き続きこの現象は連続的に進行する。

　これらをまとめると図 (e) となる。直線状の転位に剪断応力が働き，1 → 2 → 3 → 4 → 5 のようになる。段階 4 のピン止め点下方における左右の転位のバーガース・ベクトルの大きさは等しく，符号は逆になる。したがってこれらが合体し，転位ループ 5 およびもとの転位切片 1 になる。転位切片 1 は再び張り出すことができるので，この機構は何度も繰り返され，転位はどんどん増殖される。このような転位の増殖機構を**フランク - リードの増殖機構**（Frank-Read multiplication mechanism）と呼び，線分 AB のように増殖の元となる部分を**フランク - リード源**（Frank-Read source）と呼ぶ。

7.19　転位の交切とジョグの形成

　前節で説明したような増殖機構が多数のすべり面で働いたとすると，あるすべり面上を運動する転位は他の交差するすべり面上で増殖した転位と出会うであろう。着目するあるすべり面を貫いている他のすべり面上の転位群を**林転位**（forest dislocation）という。**図 7.35** (a)，(b) は，あるすべり面上を運動している刃状転位およびらせん転位が林転位と切りあう様子を示した模式図である。林転位としては刃状転位とらせん転位を考える。図中の短い矢印は，各転

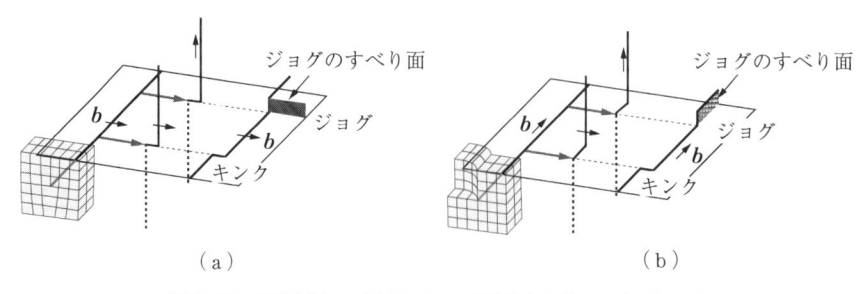

図 7.35　転位同士の交切によって形成するキンクとジョグ

位のバーガース・ベクトルである。交切（切りあい）を生じた後には，どの転位にもステップが生じる。このステップの大きさと方向は，交切した相手の転位のバーガース・ベクトルに等しい。転位のステップのうち，元のすべり面に載っているものを**キンク**（kink），元のすべり面に乗っていないもの**ジョグ**（jog）と呼ぶ。ジョグのすべり面を図中に網掛けで示す。

まず図（a）のジョグ部を考えると，これは刃状転位であり，そのすべり面はジョグ部の転位線方向とバーガース・ベクトルの方向の双方を含む面であることがわかる。この面上のジョグ部の運動方向は，移動した刃状転位の他の部分の運動方向と平行なので，このジョグ部は転位の運動に対する強い抵抗とはならないであろう。つぎに図（b）を考えよう。刃状転位であるジョグ部のすべり面とその上の運動方向は，移動したらせん転位の他の部分の運動方向と平行ではない。したがって，このジョグ部の運動は困難で，この転位のさらなる運動に対する強い抵抗となる。この点から，らせん転位間の交切は重要視される。

7.20 転位と溶質原子の相互作用

図 7.36（a）に示すように，溶媒原子（母相原子）よりも小さい置換型の固溶原子が刃状転位の近くに存在した場合を考える。7.10 節で示したが，刃状転位には静水圧成分がある。そのため，固溶原子は圧縮応力場の生じている転位の直上に集まり，図（b）に示す溶質濃度の高い領域，**コットレル雰囲気**（Cottrell atmosphere）を作る。この溶質原子と刃状転位との弾性的な相互作

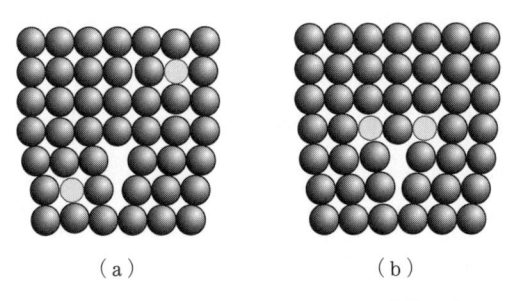

図 7.36 刃状転位に引きつけられた溶質原子

用を**コットレル効果**（Cottrell effect）と呼ぶ。これにより，転位は**固着**（locking, pinning down）され，移動が困難になる。なお，置換型固溶原子で母相原子よりも大きい原子および侵入型固溶原子では，引張応力場が生じている図中の刃状転位の下部分に集まる。刃状転位と溶質原子は弾性的相互作用によって結びついており，この結びつきを断たなければ転位は移動できない。そのため塑性変形の開始にはより大きな応力が必要となる。

また，部分転位間の積層欠陥へ集まった固溶原子による強化を**鈴木効果**（Suzuki effect）という。部分転位間の積層欠陥エネルギーは，固溶体原子の偏析により低下する。この積層欠陥と溶質原子との間に生じた化学的な相互作用は，らせん転位，刃状転位の区別なく転位運動に影響を及ぼす。転位の固着力を比較した場合，低温域ではコットレル効果のほうが鈴木効果に比べて大きい。しかし，コットレル効果は温度依存性が強く，高温域では急激にその固着力を失う。一方，鈴木効果は高温域でも低温域とほぼ同程度の固着力を維持する。

7.21　加工硬化と加工軟化

室温での加工により材料中の転位密度は容易に上昇し，またそれらの相互作用によって転位の移動が徐々に困難となる。すなわち**加工硬化**が起こる（**図7.37**）。この加工硬化による材料強化法については8章で述べる。加工硬化により変形抵抗は徐々に増加するが，同時に塑性の安定性が低下し，均一変形が難しくなる。塑性安定性は，追加が可能な加工ひずみ量と密接に関連する。そして最大応力が現れるひずみにおいてくびれ（ネッキング）が発生し，破断へと至る。一方，転位の上昇運動，消滅，多重すべりなどが容易な高温域での変形では，変形抵抗は室温に比べて低くなる。加工初期では室温での加工と同様に加工硬化により変形抵抗がいったん上昇するものの，その後すぐに変形抵抗が低下する**加工軟化**（work softening）が起こり，その後，変形抵抗はほぼ一定値となる。この現象は，転位密度とひずみエネルギーの減少を駆動力として

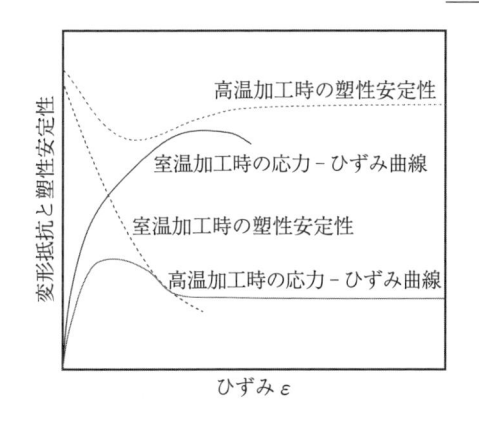

図 7.37 変形抵抗と概念的な塑性安定性の変化

起こる**再結晶**（recrystallization）に起因する。変形中の再結晶であることから，**動的再結晶**（dynamic recrystallization）と呼ばれる。加工軟化は動的再結晶の発現によって，転位やひずみをほとんど含まない新しい結晶粒がつぎつぎと生成されることによる。そのため，変形抵抗が低く大変形可能な領域がつねに存在することとなり，材料を大きなひずみまで加工することが可能となる。また，変形抵抗が低いため，加工に要するエネルギーが少なくてすむ。多くの金属材料が高温で加工されるのは，高い塑性安定性と加工エネルギーの減少（加工コスト低減）のためである。変形中に起こる動的再結晶に対して，冷間加工後の焼鈍によって起こる**静的再結晶**（static recrystallization）がある。静的再結晶については 8.1.4 項で詳しく述べる。

◇ 演 習 問 題 ◇

7.1 単軸引張（圧縮），または剪断変形におけるフックの法則を示せ。このとき使用した記号も説明すること。

7.2 一般的な金属材料の応力 – ひずみ曲線の概形を描け。また描いた図中に降伏点，耐力，引張強さ，破断応力などの応力 – ひずみ曲線を理解するうえで必要な情報を加えよ。

7.3 真応力，真ひずみを導出せよ。

7.4 真ひずみの三つの長所，1) 加算が可能，2) 体積不変の条件の記述が簡単，3)

引張と圧縮において応力ひずみ曲線の差がない，を証明せよ．

7.5 fcc や bcc などの立方晶の結晶では，(hkl) 面と $[uvw]$ 方向が垂直かどうかを知るには，$[hkl]$ 方向と $[uvw]$ 方向のベクトル内積が 0 になるか調べればよい．bcc 結晶の $\{110\}\langle 111\rangle$ すべり系 12 個のすべてを書け．

7.6 単結晶を引っ張る際に，引張応力 σ の方向とすべり面の法線のなす角を θ，引張方向とすべり方向のなす角を ϕ とする．このとき，引張応力とこのすべり系に分解した剪断応力 τ の関係を求めよ．また，この際に引張応力と分解剪断応力を結びつける方位因子をなんと呼ぶか答えよ．

7.7 シュミット因子の最大値が 0.5 となることを証明せよ．

7.8 銅（Cu）の臨界分解剪断応力を 0.5 MPa とする．Cu の単結晶を $[419]$ 方向と $[001]$ 方向から引っ張った際の降伏応力を求めよ．

7.9 以下の文中の括弧内を埋めよ．

結晶の塑性変形は結晶学的に決まった（①）面上での（①）方向への剪断変形，すなわち（①）変形により起こる．金属材料では一般に（①）面は原子密度が（②）の面で，（①）方向は原子密度が（③）の方向となる．具体的には面心立方結晶では（①）面は $\{(④)\}$ 面，（①）方向は $\langle(⑤)\rangle$ 方向，体心立方結晶では $\{(⑥)\}$ 面，$\langle(⑦)\rangle$ 方向となる．

（①）変形は（⑧）が（①）面上を運動することにより起こり，（⑧）の運動により（①）面を挟む上下の結晶が相対的にベクトル b だけずれる．すなわち，すでにすべった領域とまだすべっていない領域との境界線が（⑧）であるということができる．ベクトル b は（⑧）の（⑨）ベクトルと呼ばれる．ずれの方向は（①）方向にほかならないので，b は（①）方向に平行なベクトルである．（⑧）線の方向を示す単位ベクトルを t とすると，b と t の角度関係により，以下のように（⑧）の種類分けができる．

（a）（⑩）転位：$b \perp t$　　（b）（⑪）転位：$b // t$

7.10 交差すべりが刃状転位では生じなく，らせん転位で生じる理由を述べよ．

7.11 転位について以下の問題に答えよ．

（1）つぎの文章の①と②を埋めよ．

転位になにも力が働いていないときは，転位は直線形状をとろうとする．転位は（①）エネルギーをもっている．したがって，力が働いていないときには転位はなるべく短くなろうとして直線状になる．このような転位をまっすぐにしようとする力を転位の（②）という．

（2）転位単位長さ当りの（①）エネルギーを示せ．単位も書くこと．

（3）転位の（②）を示せ．単位も書くこと．

（4）（2）と（3）の結果からわかるように，（①）エネルギーと転位の（②）は同じ形で書かれる。このことについてそれぞれのもつ単位から考察せよ。

7.12 長さ d のフランク－リード源より転位を発生させるのに必要な剪断応力を導出せよ。用いた記号も説明すること。

7.13 図7.38（a）はすべり面を上から，（b）は横からみた図である。

（1） Aのような刃状転位が図（b）のような外部剪断応力によってすべり運動をするとき，転位の運動方向はどちら向きとなるか答えよ。

（2） 図（b）内の転位ループのCの部分は図（b）のAと同様に刃状転位として表せるとする。このとき，図（a）中のBの部分は図（b）中ではどのように表示できるか示せ。また，このループに（1）と同じ外部剪断応力が作用しているとき，このループは拡大するか，縮小するかを述べよ。

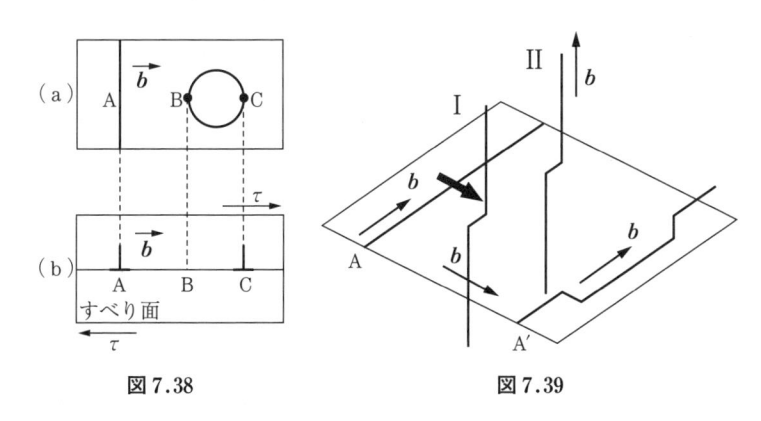

図 7.38   図 7.39

7.14 図7.39のように，らせん転位Aが林立転位ⅠとⅡと切りあった後，Aにはそれぞれ I, Ⅱ と切りあった箇所にステップが生じる。それぞれのステップの名称を答えよ。それらはらせん転位Aの運動の障害となるかならないか答えよ。

7.15 積層欠陥エネルギーの大小と交差すべりと難易の間にはどのような関係があるか述べよ。

7.16 コットレル効果はらせん転位で生じず，刃状転位で生じるのはなぜか答えよ。

7.17 積層欠陥エネルギーの大小と加工硬化の大小にはどのような関係があるか答えよ。

8 材料の強化方法

材料の強化方法として，1) 変形により転位密度を高め，転位の運動を阻害する加工硬化，2) 置換型あるいは侵入型固溶原子を導入する固溶強化，3) おもに時効熱処理により微細な第2相析出物を分散させる析出強化，4) 酸化物などの分散粒子を散りばめる分散強化，5) 結晶粒を微細化する結晶粒微細化，そして，6) 異なる材料で複合化する複合強化などがある。7章では，材料の強度と密接な関係のある転位論の基礎を学んだ。この知識を基に，8章では，材料の強化方法について加工硬化と回復・再結晶，固溶強化，析出強化，結晶粒の微細化および複合強化について学んでいく。また，マルテンサイト変態を利用した強化方法も機械材料として重要であるが，これに関しては，10.1節の鉄鋼材料において詳しく述べる。

8.1 加工硬化と回復・再結晶

8.1.1 転位密度と加工硬化

まず，転位の移動とマクロなひずみとの間にどのような関係があるかを考えてみよう。図8.1のように，結晶の一端から長さlの一本の刃状転位（バーガース・ベクトルの大きさはb）が距離sだけ動く場合を想定する。ここで，結晶の幅，高さおよび奥行きをそれぞれw，hおよびlとする。長さlの1本の転位がwだけ移動したとき，結晶に生じる剪断ひずみγは$\gamma=b/h$と表せる。したがって，sだけ動いた場合には，比例関係より

$$\gamma = \frac{s}{w} \cdot \frac{b}{h} \tag{8.1}$$

となる。もしも，n_0本の転位が同様なすべりを生じた場合は

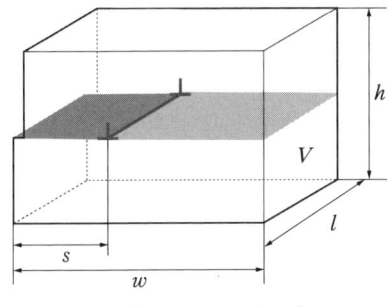

図8.1 転位の運動とマクロなひずみの関係

$$\gamma = n_0 \cdot \frac{s}{w} \cdot \frac{b}{h} = n_0 \cdot \frac{s}{w} \cdot \frac{b}{h} \cdot \frac{l}{l} = \rho s b \tag{8.2}$$

となる。ここで，ρ は転位密度であり，結晶の体積 $V = whl$ を使うと

$$\rho = \frac{n_0 l}{whl} = \frac{n_0 l}{V} \tag{8.3}$$

である。7章で学んだが，加工した金属には多くの欠陥（増殖された転位など）が存在する。

ある変形を加えたときの剪断応力，**流動応力**（flow stress）は

$$\tau = \tau_0 + \alpha \mu b \sqrt{\rho} \tag{8.4}$$

で与えられることが知られている。ここで，μ は剛性率，α は定数である。α，τ_0 および μ は材料定数であるので，材料の強度は転位密度の1/2乗に比例することになる。すなわち，加工による転位密度の上昇によって加工硬化が起こることがわかる。

8.1.2 結晶構造と加工硬化率

7.14節で学んだが，bcc構造の金属・合金の積層欠陥エネルギーは大きい。そのため，通常，転位は拡張していない。したがって，らせん転位は容易に交差すべりが可能であり，障害物の迂回ができる。結果として加工硬化率は小さい。これに対し，fcc構造の金属・合金中，転位は一般的に拡張しており，交差すべりは困難である。そのため，転位の交差すべりをともなった運動には大きなエネルギーが必要となり，加工硬化率は大きくなる。

図8.2 に bcc 構造を有する鉄，fcc 構造を有する 18-8 ステンレス鋼およびア

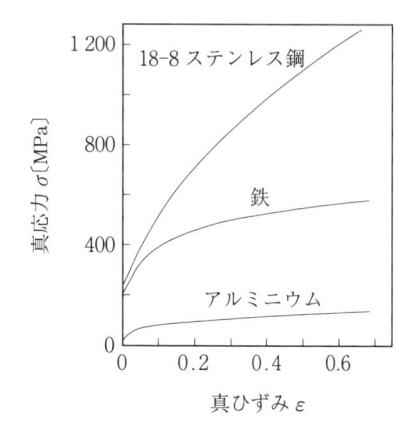

図8.2 いくつかの材料の真応力-真ひずみ曲線

ルミニウム（Al）の真応力-真ひずみ曲線を示す。fcc構造を有する18-8ステンレス鋼の加工硬化率は，bcc構造を有する鉄のそれに比べて大きい。また，fcc構造を有するものの，積層欠陥エネルギーが大きいAlでは加工硬化率は小さい。Alは積層欠陥エネルギーが大きいため，拡張転位の幅が小さくなっている。その結果として，交差すべりが容易であり，加工硬化が小さくなるのである。

8.1.3 バウシンガ効果

図8.3に示すように，変形の途中で変形の向きを変えると，同じ向きで変形し続ける場合に比較して，変形応力が低下する。この現象を**バウシンガ効果**（Bauschinger effect）という。バウシンガ効果の出現は加工硬化に方向性があ

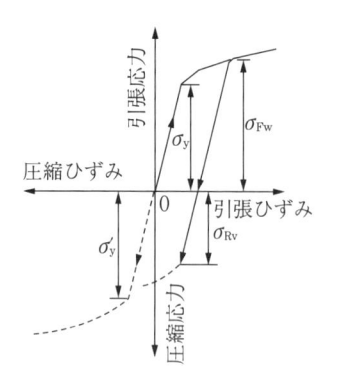

図8.3 変形途中における応力の逆転とバウシンガ効果

ることを意味する。すなわち，加工硬化は変形の向きに関係せずつねに抵抗力として作用する応力成分 σ_{f0} と，方向性をもつ成分 σ_d からなると考える。図中，同じ方向に再び応力を加えた場合の変形応力 σ_{Fw} は

$$\sigma_{Fw} = \sigma_{f0} + \sigma_d \tag{8.5}$$

となる。これに対し，最初に印加した応力と逆方向に応力を加えた場合の変形応力 σ_{Rv} は

$$\sigma_{Rv} = \sigma_{f0} - \sigma_d \tag{8.6}$$

となる。ここで，σ_{f0} 成分は林転位との交切による抵抗力と後述の固溶強化などに起因し，σ_d 成分は転位の堆積による長範囲応力に起因する。

8.1.4 回復と再結晶

材料の組織や物性を制御するために，**熱処理**（heat treatment）が行われる。ここで，熱処理とは固体の金属あるいは合金に加熱および冷却の適当な組合せの操作を加えることにより，要求される性質を付与することである。熱処理の一つに**焼鈍**（annealing）がある。これは，焼鈍(やきなま)しとも呼ばれ，加工硬化した材料を加熱して軟らかくすることをさす。焼鈍により生じる組織と物性変化をまとめたのが**図8.4**である。熱処理によって変形の影響を取り除くときの第一段階として，**回復**（recovery）が生じる。機械的性質や顕微鏡組織に大きな

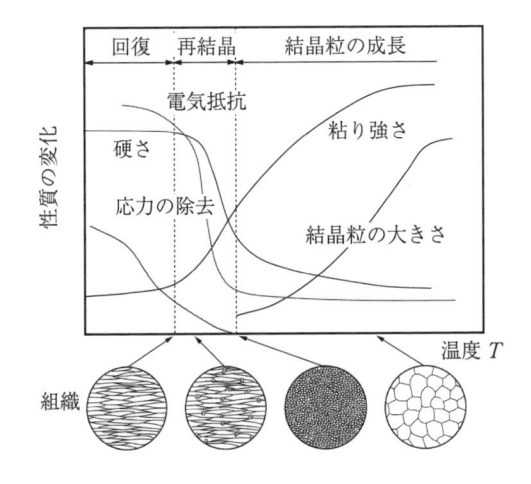

図8.4 焼鈍により生じる組織と物性変化

変化はないが，電気伝導度や内部応力は回復する。これは，加工によって形成された格子間原子や空孔が消滅することや，加工によって増殖した刃状転位の上昇運動による消滅や再配列による。回復後さらに加熱すると，**1次再結晶**（primary recrystallization）が生じる。焼鈍中に起こる再結晶であるため，7.20節で述べた動的再結晶に対し，**静的再結晶**と呼ぶ。加工をうけた組織中にひずみや格子欠陥をほとんど含まない新しい結晶が**核形成**（nucleation），**成長**（growth）するとともに数を増加し，最後は加工組織のすべてが再結晶組織におき代わる。これに伴い，機械的性質を含めた物性は加工前の状態に回復する。再結晶温度は融点の絶対温度表示を T_M とすると，約 $0.5\,T_M$ である。1次再結晶終了後，さらなる加熱によりひずみを含まない結晶粒がさらに成長し粗大化することを**2次再結晶**（secondary recrystallization）と呼ぶ。2次再結晶により，粘り強さや電気伝導度が1次再結晶後に比べてわずかに上昇するものの，加工性や強度が低下する。そのため，各種性質のバランスが優れた1次再結晶材が工業的には一般に利用される。

8.2 結晶粒の微細化

一般的に多結晶体は単結晶に比べて降伏応力と加工硬化が大きい。これは，隣接の結晶粒が異なる方位をもつため転位が侵入できないこと，また粒界がすべりに対する障害となっていること，および変形中に結晶粒間の連続性を維持するため，おのおのの結晶粒が複雑な変形様式を示すことによる。

まず，粒界がすべりに対する障害になっている点に着目してみる。**図 8.5**

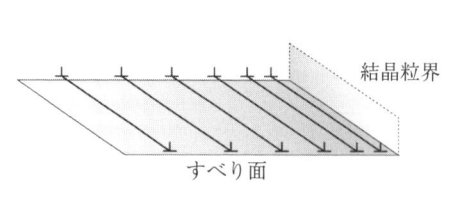

図 8.5 粒界への転位の堆積

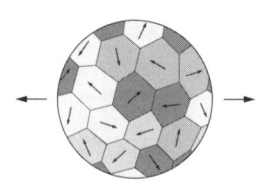

図 8.6 多結晶体におけるすべり方向

8.2 結晶粒の微細化

に粒界への**転位の堆積**（dislocation pile-up）の模式図を示す．このように，外力が加わったとき，粒界のような障害物で先頭の転位が止まり，転位源から発生した後続する多数の転位が動けなくなる．その結果，与えられた応力で増殖した転位が列をなし，堆積する．

つぎに，変形中の結晶粒間の連続性について述べよう．7.3節で述べたが，単結晶金属の場合，通常シュミット因子の一番大きなすべり系が働く．ここで，多結晶におけるすべり系を模式的に描くと**図8.6**のようになる．隣同士の結晶粒は必ずしも同じ方向に変形できない．したがって，結晶の変位連続性を維持するため，シュミット因子が大きくないすべり系も働かざるを得ない．またバーガース・ベクトルが異なることにより転位は隣接粒に侵入できず，図8.5のように転位の堆積が起こる．この転位の堆積が後続転位の移動の障害となり，変形抵抗の上昇をもたらす．そのため，材料中の結晶粒が小さくなるほど強度は増すこととなる．

多結晶体の引張降伏応力 σ_y は，**ホール–ペッチの関係**（Hall-Petch relation）によって表される．

$$\sigma_y = \sigma_0 + kd^{-1/2} \tag{8.7}$$

ここで，σ_0 は近似的な単結晶の降伏強さ，d は結晶粒径，k は結晶粒径依存性パラメータである．

結晶粒微細化の方法として，冷間加工と再結晶の組合せがあり，おおきな冷間加工と比較的低温での再結晶により結晶粒の微細化をもくろむ．これは，相変態しない金属や合金には特に有効である．このほか，相変態の利用や加工熱処理がある．

先に，結晶性材料の強度はその構成結晶粒が微細化するほど上昇し，その結晶粒径と強度との関係はホール–ペッチの関係として知られていることを述べた．近年，**MEMS**（メムス，micro electro mechanical systems）に代表されるようなマイクロコンポーネントの開発・製造が行われている．このような微小な電子・機械部品を製造する場合，あるパーツサイズ以下で強度が急激に低下する現象が生じることがある．例えば，結晶粒径の異なる材料で厚さ 20 μm

の板状パーツを作製したとすると（図8.7），同じ厚さであるにも関わらず粗大粒材では材料強度が著しく低下する．一般的には，ホール-ペッチの関係に従った材料強度の維持には，断面積に10個以上の結晶粒が必要と考えられている．したがって，この場合は結晶粒径は2μm以下である必要がある．すなわち，マイクロメカニカルコンポーネントにはそのサイズ相応の微細結晶粒材を用いなければならない．

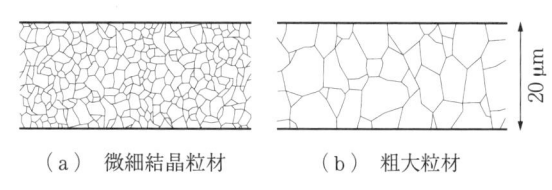

（a）微細結晶粒材　　（b）粗大粒材
図8.7　結晶粒サイズと断面組織の違いを示す模式図

また最近では，**巨大ひずみ加工**などによって，平均結晶粒径1μm以下の超微細結晶粒材料が容易に得られることが明らかになっている．巨大ひずみ加工として，**高圧ねじり剪断変形法**（high pressure torsion法，HPT法），**繰返し重ね圧延法**（accumulative roll-bonding法，ARB法），**繰返し押出し加工法**（equal-channel angular pressing法，ECAP法），**多軸鍛造法**（multi directional forging法，MDF法）など，さまざまなプロセスが考案されている．ECAP法は，図8.8のように同じ断面積を保ちながら屈曲して上部から側部へ貫通する穴，すなわちチャネルを設けた金型を用いて加工を行う．上部から試料を入れて強制的に押し出すことにより，屈曲部で試料内に剪断ひずみが導入され

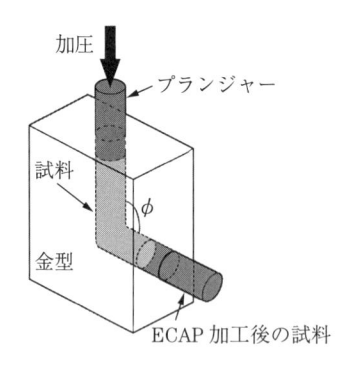

図8.8　ECAP法の概要

ることになる。チャネル角度 ϕ が 90°の場合,一回の加工で試料に導入される相当ひずみは 1 程度であるので,n 回加工を行った場合,試料に導入される相当ひずみは n となる。また,圧延した板材を積み重ねて何度も圧延を繰り返す手法を ARB 法と呼び,その概要を**図 8.9** に示す。MDF 法とは,x 軸→y 軸→z 軸→x 軸…とひずみを与える軸を変更しながら圧縮加工を繰り返す手法である(**図 8.10**)。試料サイズと形状が変化しないため,大きなバルク材の結晶粒超微細化に適している。

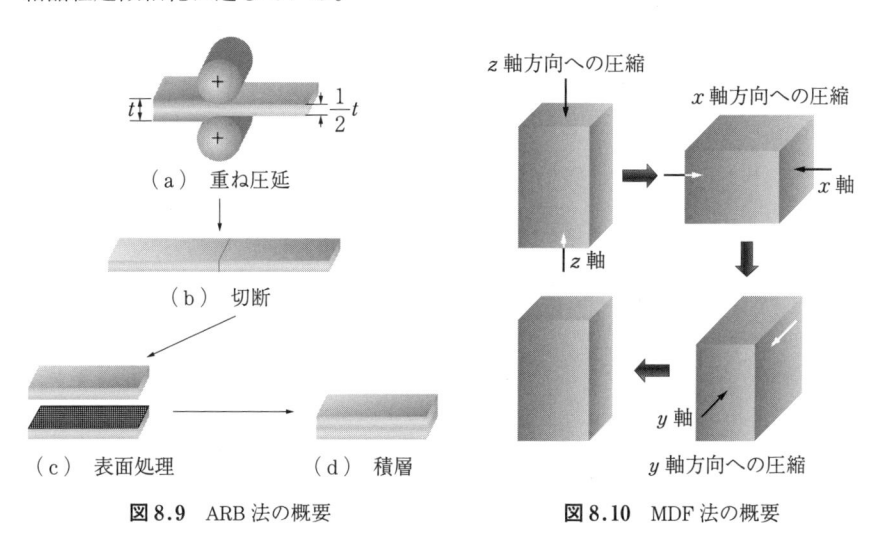

図 8.9 ARB 法の概要

図 8.10 MDF 法の概要

8.3 固 溶 強 化

3.5.1 項で固溶体中の溶質原子による格子のひずみについて学び,7.20 節で固溶体中の転位と溶質原子との相互作用としてコットレル効果と鈴木効果について学んだ。溶質原子が固溶すると,弾性的なひずみ場が生じる。また,電子の分布状態にも乱れが生じる。これらの乱れと転位との相互作用により転位の運動が困難になり,変形抵抗が増す。したがって,溶質原子が固溶することにより材料は強化される。これを**固溶強化**(solid solution strengthening, solid solution hardening)という。

8.3.1 溶質原子の濃度と固溶強化との関係

溶質原子の濃度と固溶強化との関係として，Fleischer（フライシャー）のモデルを取り上げる。図8.11（a）に示すように転位がすべり面上で平均 L_0 の間隔で存在する溶質原子の間を進むとする。このとき個々の溶質原子が転位に与える力を F とする。図8.12のように転位が溶質原子 B のところで，ある臨界角度 ϕ をなすように曲がったら，この溶質原子を挟む転位の線張力 T の合力によって溶質原子から受ける力 F に打ち勝ち，乗り越えられると考える。転位の線張力と溶質原子が転位に与える力の釣りあいより

$$F = 2T\cos(\phi/2) \tag{8.8}$$

が得られる。ここで，一つ一つの溶質原子が抵抗として転位に及ぼす力は非常に小さいことは容易に想像されるため，溶質原子による転位の湾曲は小さいであろう。まず，AB 間の転位の曲率について考えてみる。$\theta \ll 1$ であり，幾何学的に $\phi = \pi - \theta$ がほぼ成立するので

$$F = 2T\cos(\phi/2) = 2T\sin(\theta/2) \fallingdotseq T\theta \tag{8.9}$$

となる。いま，図8.12のように，溶質原子 AB 間の転位の長さを L とする。

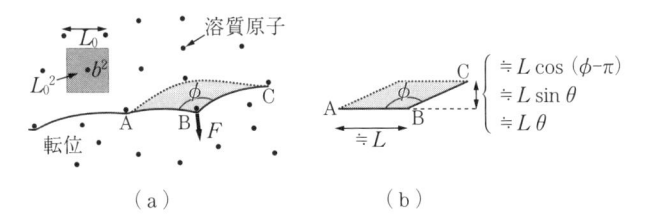

図 8.11 固溶強化における転位の溶質原子の乗り越え過程

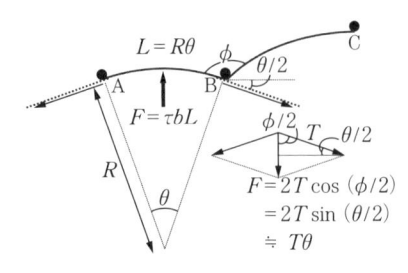

図 8.12 固溶強化における転位

溶質原子から転位が受ける力は小さく，転位の曲率は大きい（湾曲は小さい）。このような場合，転位は溶質原子すべてに引っかかっているわけではないので，$L > L_0$ となるであろう。溶質原子1個当りの占める面積を b^2 とすると，溶質原子の濃度 c は近似的に

$$c = \frac{b^2}{L_0^2} \tag{8.10}$$

と書ける。すなわち，溶質原子1個当りにすべり面上で割り当てられる面積は $L_0^2 = b^2/c$ となる。図8.11（a）のように，転位が一つ一つの溶質原子を外しながら運動すると考えると，転位が一つの溶質原子を外した際にはく面積は，図（b）より，およそ $L^2\theta$ となる。この面積に1原子の溶質原子が存在することとなるから

$$L^2 \theta = \frac{b^2}{c} \tag{8.11}$$

を得る。また，長さ L の転位が外力から受ける力は式（7.24）より $\tau b L$ となるので，線張力の釣りあいより

$$\tau b L = T\theta \tag{8.12}$$

が成り立つ。以上の式を使って L と θ を消去，式（7.27）を代入すると

$$\tau = \frac{F^{3/2}}{b^3} \sqrt{\frac{c}{\alpha\mu}} \tag{8.13}$$

と求まり，固溶強化による強化量は溶質濃度 c の平方根に比例することがわかる。なお，F は，3.5.1項で述べた固溶原子による格子ひずみに起因するため，$F \propto |\Delta r|$ という関係が成立する。ここで，Δr は溶媒原子と溶質原子の原子半径の差である。

8.3.2 低炭素鋼の降伏点現象

図8.13に低炭素鋼（軟鋼）の降伏時の応力-ひずみ曲線を示す。軟鋼の場合，変形前に転位は窒素原子や炭素原子によって固着されている。これは7.20節で学んだコットレル効果が要因である。Aで示す**上降伏点**（upper yielding

138   8. 材料の強化方法

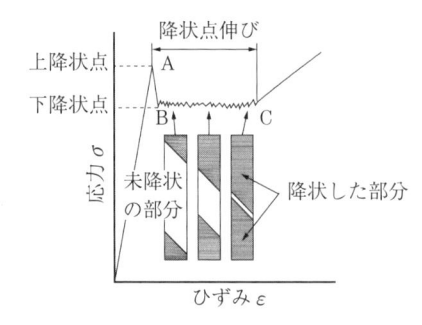

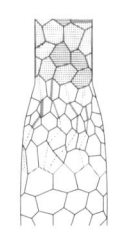

図 8.13 軟鋼の降伏時の応力-ひずみ曲線   **図 8.14** リューダース帯の伝播

point）が，この固着状態から抜け出すための応力である。BC 間では，変形が局所的に生じる。この局所的に生じた降伏領域が**リューダース帯**（Lüders band）であり，リューダース帯の伝播に必要な応力が**下降伏点**（lower yielding point）である。リューダース帯とは，軟鋼などの引張試験において試料片表面にみられる塑性変形の縞模様をいい，肉眼で観察可能である。リューダース帯の模式図を**図 8.14** に示す。リューダース帯の伝播が終了した図 8.13 の C において初めて加工硬化が開始する。

8.4 析 出 強 化

8.4.1 析 出 現 象

母相中に第 2 相粒子などが**析出**することにより強化されることを**析出強化**（precipitation strengthening, precipitation hardening）という。時効析出可能な合金系の状態図の模式図を**図 8.15**（a）に示す。析出強化は 2 段階の熱処理により行う。第 1 の熱処理は**溶体化処理**（solution treatment）であり，単相状態の温度まで加熱後，溶解度曲線以下の温度へと**急冷**（焼入れ，quenching）をする。急冷するのは，拡散変態（析出）を生じさせないためである。これにより，平衡固溶限以上の溶質原子が母相に固溶した**過飽和固溶体**（supersaturated solid solution）が形成される。第 2 の熱処理は**時効**（aging）処理であり，温度を上げ，拡散が生じるようにして，過飽和固溶体から微細な

8.4 析出強化

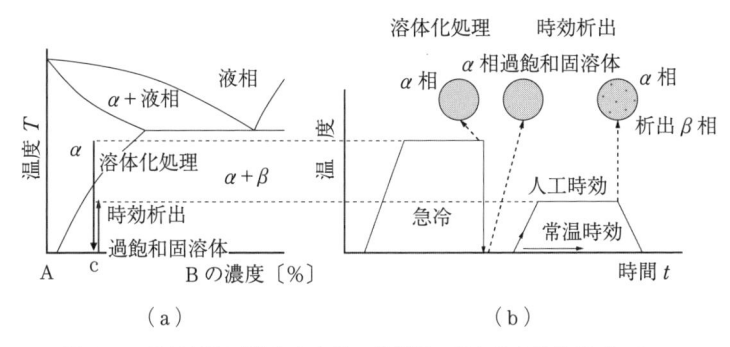

図 8.15 時効析出可能な合金系の状態図の例と時効熱処理プロセス

析出相を析出させる。このように，急冷を行った合金が，時間の経過に伴い性質の変化する現象を時効というが，それを生じさせるための操作を時効熱処理または単に時効と呼ぶ。室温で時効を行うことを自然時効あるいは常温時効と呼び，人為的に加熱する場合の人工時効と区別する。一連の時効熱処理プロセスの模式図を図（b）に示す。

時効により，過飽和固溶体から析出物が析出し，硬さが増すことを**時効硬化**（age hardening）と呼ぶ。これは析出物が転位の運動の障害となるためである。したがって，一般的には析出物の密度が高いほど強度が上昇する傾向がある。詳しくは，あとで述べる。**図 8.16** に時効に伴う降伏強さの変化（時効硬化曲線）を示す。図のように時効に伴い材料の降伏強さは上昇する。しかし，ある時点でピークを迎え，それ以上の時効では軟化する。このように，析出硬化合金の時効において，時効温度や時効時間の増加に伴い最高強度に達するが，さ

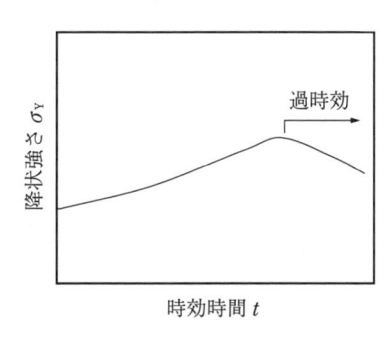

図 8.16 時効硬化曲線

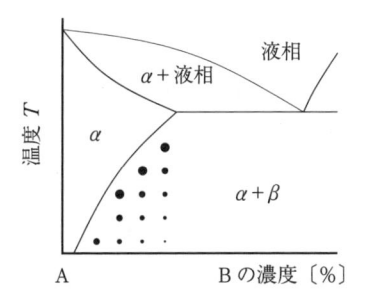

図 8.17 時効温度と析出開始直後の析出物サイズの関係

らに温度や時間が増加すると軟化が生じる現象を**過時効**（over aging）と呼ぶ。以降ではこの一連の現象について学んでいく。

図 8.17 に，時効温度と析出開始直後の析出物サイズ（臨界核半径と関連する）の関係を示す。時効温度が低い場合には，過飽和度が大きく，核発生頻度が高い。結果として微細な析出物が形成される。これに対して，時効温度が高い場合には粗大な析出物となる。粒子の成長，粗大化は拡散支配のため，温度が高いほど時効の進行は速い。

拡散は温度が高いほど活発に生じるが，過飽和度の寄与は低温ほど大きい。したがって，**図 8.18**（a）に示すように核形成速度はある中間の温度で一番速くなる。そのため，析出開始の時間を温度に対してプロットすると，図（b）に示すようにある中間の温度で一番速くなる。この温度をノーズ温度という。このような変態開始時間と温度との関係については 10 章で詳細に述べる。

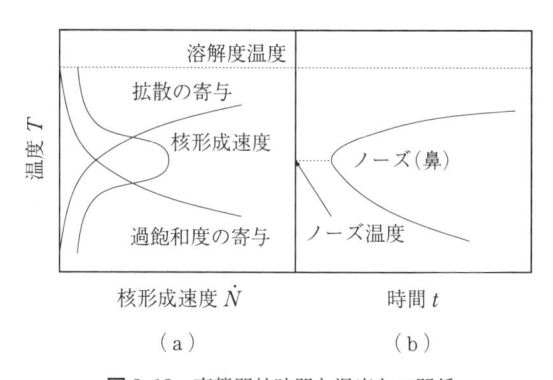

図 8.18 変態開始時間と温度との関係

8.4.2 オストワルド成長

図 8.19 に粒子の成長の模式図を示す。時効の初期では，母相の濃度は平衡濃度に達しておらず，過剰な溶質原子を含んでいる。この過剰な溶質原子を取り込むことにより，図（a）に示すように粒子は成長する。しかし，この成長を続けると図（b）に示すように母相はほぼ平衡濃度に達してしまう。さらに析出粒子が分散した金属組織を時効すると，図（c）のように小さい粒子が消

8.4 析出強化

成長　　　　　　　　　　　粗大化
(a)　　　　(b)　　　　(c)

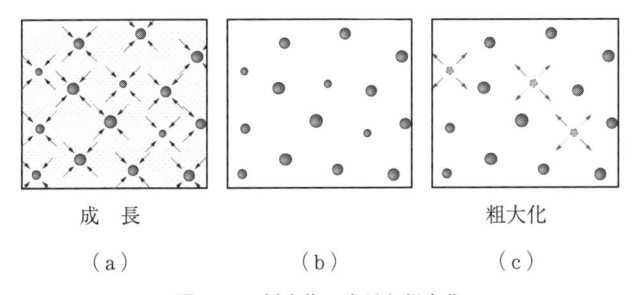

図 8.19 析出物の成長と粗大化

減する一方，大きい粒子はますます成長を続け，全体として粒子が粗大化する。この現象を**オストワルド成長**（Ostwald ripening）または**粗大化**（coarsening）という。

オストワルド成長は，1) 母相が平衡濃度近くになっている，2) 析出物の形状は平衡状態になっている，3) 析出物の総体積は一定である，という条件下での界面エネルギーの減少を駆動力とする析出相の成長である。母相中に析出粒子が存在すると，そこに母相と析出相間の界面が生じる。このような界面の存在は系の自由エネルギーの上昇をもたらす。したがって，界面の総面積が減少するように粒子の成長が起こる。2元系合金中の析出相の粗大化成長を取り扱った**LSW 理論**（Lifshitz-Slyozov-Wagner theory）によると，ある時間 t における平均粒子径 r は以下のように表される。

$$r^3 = \frac{8DN_a \Gamma V_\mathrm{m}^2}{9RT} t \tag{8.14}$$

ここで，D は拡散係数，Γ は母相と析出相との界面エネルギー，N_a は温度 T における析出相原子の母相への固溶限，V_m は析出相のモル体積，R はガス定数である。また，LSW 理論によると，ある時間における析出物の粒子径分布も予測できる。拡散支配の場合は

$$f(\rho) = A\rho^3 \left\{\frac{3}{3+\rho}\right\}^{1/3} \left\{\frac{3/2}{(3/2)-\rho}\right\}^{11/3} \exp\left(\frac{-\rho}{(3/2)-\rho}\right) \tag{8.15}$$

で表される。ここで，$\rho = r/r^*$ であり，r は個々の粒子の半径（平均粒子径ではないことに注意してほしい），r^* は臨界粒子径と呼ばれ，$r < r^*$ の粒子は収

8. 材料の強化方法

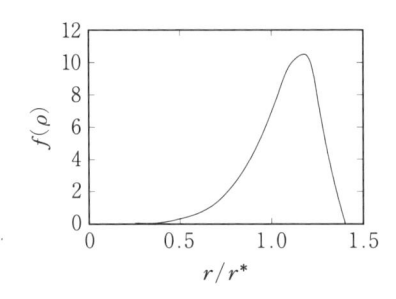

図 8.20 LSW 理論による粒子径分布予測

縮し，$r>r^*$ の粒子は成長する。図 8.20 に式 (8.15) から求めた粒子径分布を示す。一方，界面反応支配の場合は

$$f(\rho) = A\rho \left\{ \frac{2}{2-\rho} \right\}^5 \exp\left(\frac{-3\rho}{2-\rho} \right) \tag{8.16}$$

となる。

析出物は析出相と母相との界面構造により分類することができる。**整合** (coherent) とは母相と析出物の格子が界面を挟んで一対一の対応がある状態をさす。一般に界面エネルギーは小さいが，両相の格子定数が異なる場合，母相と粒子自体の格子は**図 8.21** のようにひずんでいる。このひずみを**整合ひずみ** (coherency strain) という。これに対し，界面での原子配列が大きく異なるとき，または原子配列が同様であっても，格子定数差が大きい場合，界面での連続性が失われる場合がある。これを**非整合** (non-coherent, incoherent) という。非整合析出物の模式図を**図 8.22** に示す。整合析出物の界面エネルギーに比べ，非整合析出物の界面エネルギー Γ は大きいため，式 (8.14) から

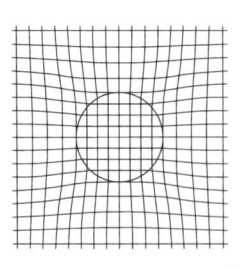

図 8.21 整合析出物による格子ひずみの模式図

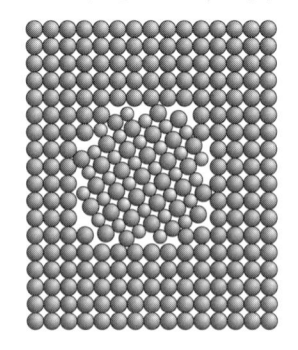

図 8.22 非整合析出物の模式図

8.4.3 析出物と転位との相互作用（転位が粒子を切る場合）

析出粒子の存在により転位の運動が妨害され，結果として材料の強化が行われる。整合析出物では，転位が粒子を切って運動することもある。まずは内部応力の効果に関して考えてみる。図 8.21 に整合粒子によって生じる格子ひずみの模式図を示した。このような格子ひずみに起因して，析出粒子周りには内部応力が形成される。転位はこの応力場に逆らって運動しなければならない。GeroldとHarberkornによれば，整合析出粒子の作る応力場に逆らって転位が運動をするためには

$$\tau \fallingdotseq \alpha\mu \left| \varepsilon^{\frac{3}{2}} \right| \sqrt{\frac{V_\mathrm{f} r}{b}} \tag{8.17}$$

という大きさの応力が必要となる。ここで，α は定数，μ は剛性率，ε は格子定数差から計算されるミスフィットひずみ，b はバーガース・ベクトルの大きさ，V_f は析出物の体積率，r は析出物の半径である。すなわち，析出強化量は析出物の体積率および大きさの1/2乗に比例する。

つぎに析出粒子との直接的な相互作用，すなわち化学的強化について考えてみる。実際には，析出物を避けるような転位運動が起きていると考えられているが，析出物が母相と整合もしくは**半整合**（semicoherent）な規則相である場合，転位が粒子内を通ることにより**図 8.23** に示すように逆位相境界（APB）が形成される。逆位相境界とは 3.5.2 項で説明したが，規則合金における位相反転の境界のことである。逆位相境界の発生により，単位面積当りのエネル

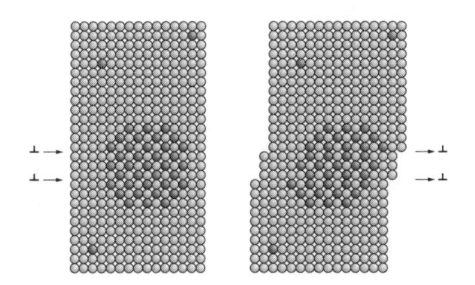

図 8.23 規則構造をもつ析出物を転位が剪断することによって生ずる逆位相境界

ギー，すなわち逆位相境界エネルギー Γ_{APB} が発生するため，転位の粒子内の運動が阻害される。このような場合の析出強化量は

$$\tau \fallingdotseq \alpha\left(\frac{\Gamma_{\mathrm{APB}}}{b}\right)\sqrt{\frac{6V_{\mathrm{f}}r}{\mu b}} \tag{8.18}$$

と表される。逆位相境界の形成に伴う析出強化量についても，上記の場合と同様に析出物の体積率および大きさの1/2乗に比例する。

さらに，転位が粒子を切ることにより，逆位相境界形成のみならず，図8.24に示すように新たに母相との界面も形成する。立方体形状の粒子を刃状転位とらせん転位が切る場合を考えてみよう。図8.25に示すように，刃状転位の場合，転位が粒子を切り始めるときと切り終わるときだけにしか，この新界面を作らない。これに対して，らせん転位では界面を作りながら動いていく。新界面による析出強化量は

$$\tau \fallingdotseq \alpha\left(\frac{\Gamma}{\mu b}\right)^{\frac{3}{2}}\frac{\mu b}{r}\sqrt{V_{\mathrm{f}}} \tag{8.19}$$

と表される。すなわち析出強化量は粒子の大きさに反比例し，体積率の1/2乗に比例する。

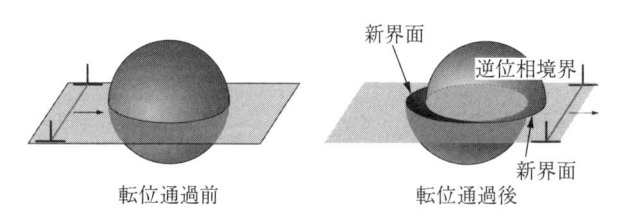

図8.24 転位の通過による析出物の新界面形成

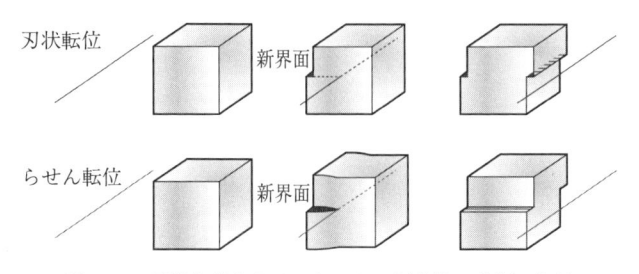

図8.25 刃状転位とらせん転による析出物の剪断の相違

以上をまとめると，転位が粒子を切る機構で強化された場合，析出粒子の体積率が高いほど強化の度合いは大きい．時効初期，粒子は母相の濃度が平衡濃度に達するまでは成長し，その際に体積率も高まる．したがって，1個の析出粒子を転位が切る際の抵抗は時効時間が長いほど大きい．

8.4.4 析出物と転位との相互作用（転位が粒子を切らない場合）

非整合析出物，あるいは整合析出物でも転位が貫通できないほど大きくなると，転位が粒子をよけて通過する．この機構には前述の交差すべりと**オロワン機構**（Orowan mechanism）とがある．以下にオロワン機構について説明する．**図8.26**（a）に示すように，運動する転位が析出粒子に近づいてくる．ここで，粒子間隔をλとする．硬い析出物や非整合析出物の場合，転位は粒子を切ることができないため，図（b）に示すように粒子間で転位が張り出す．粒子の前方に張り出した転位はバーガース・ベクトルの大きさは等しく，異符号となるため，合体する（図（c））．その後，図（d）に示すように，**転位ループ**（**オロワンループ**，Orowan loop）を残して転位は粒子を通過する．立体的にこの機構を示したものが**図8.27**である．この粒子間を転位がすり抜けるのに必要な剪断応力であるオロワン応力は，粒子が存在しないときの剪断応力をτ_0とすると式（7.29）より

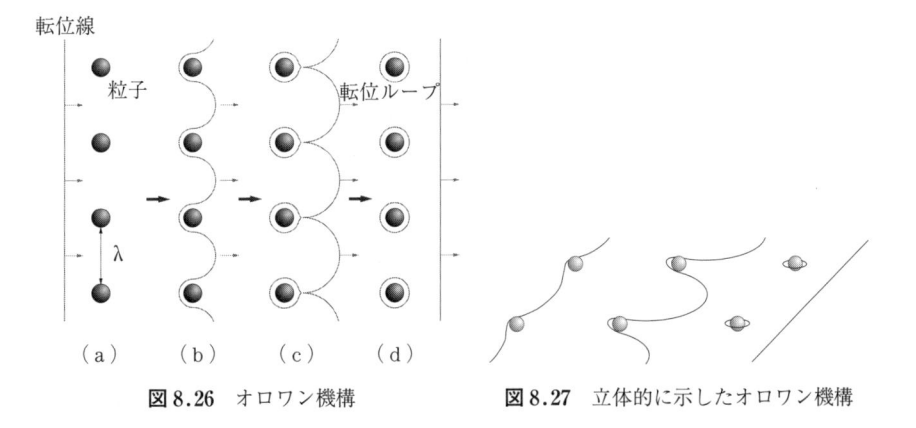

図8.26 オロワン機構　　　図8.27 立体的に示したオロワン機構

$$\tau = \tau_0 + \frac{\mu b}{\lambda} \tag{8.20}$$

と求まる．すなわち，析出粒子の間隔が小さいほど析出による強化は大きいことがわかる．また，粒子間隔 λ は粗い近似では体積率 V_f と粒子半径 r を用いて

$$\lambda = r\left(\sqrt{\frac{2\pi}{3V_f}} - 2\right) \tag{8.21}$$

と書くことができる．

　一般的に，析出強化合金の降伏強さと時効時間との関係は図 8.28 のような関係になる．8.4.3 項で説明したように，析出粒子を切る抵抗は時効時間が長くなるほど大きくなる．これに対し，時効後期においては，8.4.2 項で示したように粒子のオストワルド成長が起こり，時効に伴い粒子間隔は大きくなる．上述のオロワン機構においては，粒子間隔の増大は析出硬化量の低下をもたらし，したがって，時効時間が長くなるほど強度が低下する．これにより，図 8.16 に示した時効合金の過時効現象が生じることとなる．

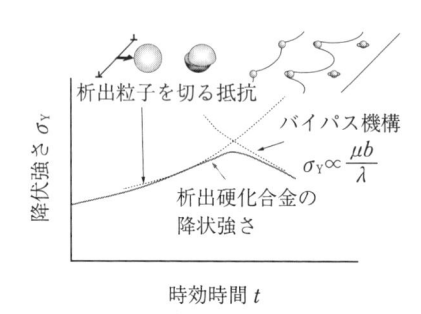

図 8.28　時効に伴う転位の乗り越え機構と降伏強さの変化

8.5　複　合　強　化

　いくつかの素材を組み合わせて作った材料を**複合材料**（composite material）という．たがいの長所の組合せを目的とした複合化により，単一材料より優れた特性を有する材料をつくり出すことができる．複合材料の例として，マトリックス（母材）の中に，他の分散材（強化材）を分散させたものがあり，その強化相の分散形態から，図 8.29 に示すように，強化相が並列に並んだ並列

図 8.29 複合材料の種類

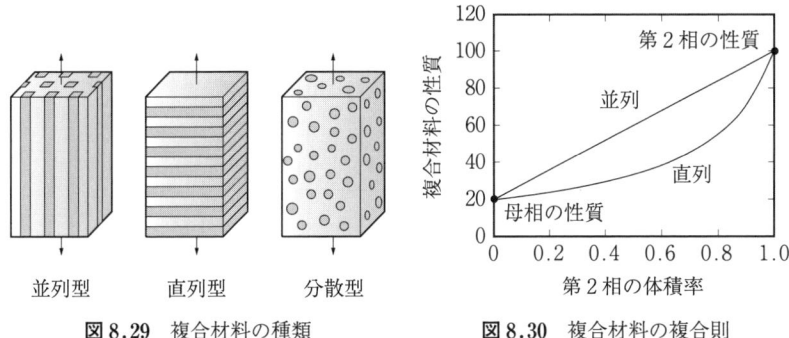

図 8.30 複合材料の複合則

型，直列に並んだ直列型および分散型に分けられる。

複合材料の性質は複合則によって予測ができる。一番簡単な複合則として

$$E^* = E_a V_{\text{fa}} + E_b V_{\text{fb}} \quad (並列) \tag{8.22}$$

$$\frac{1}{E^*} = \frac{V_{\text{fa}}}{E_a} + \frac{V_{\text{fb}}}{E_b} \quad (直列) \tag{8.23}$$

がある。ここで，E と V_{f} はそれぞれ複合材料を構成する個々の材料の性質と体積率である。これを図にしたものが**図 8.30**である。一般的には，並列が上限を，直列が下限を与えるものとされている。

◇ 演 習 問 題 ◇

8.1
（1） 以下の文中の括弧内を埋めよ。

金属材料を加工（塑性変形）すると，材料中の（①）が上昇する。（①）が上昇すると，（②）間の相互作用や，切りあいが生じ，このため材料は硬化する。この現象を（③）という。（②）の切りあいを考える。あるすべり面上の（②）が異なるすべり面上の（②），すなわち（④）と切りあうと，（②）線にステップが形成される。このステップのうち，元のすべり面上にあるものを（⑤）といい，元のすべり面上にないものを（⑥）と呼ぶ。これらの（⑤）や（⑥）が（②）の（⑦）運動を阻害するため，（③）が生じる。このような（③）は，（①）と剪断応力の関係を表した（⑧）の関係によって記述することができる。

（2） （⑧）の関係を示せ。使用した記号も説明すること。

148   8. 材料の強化方法

8.2 図 8.31 は，冷間加工を加えた材料の焼鈍に伴う，電気抵抗の変化と硬さの変化を示している．この図中に，放出熱の概形を描け．また，回復が起こっている温度域と再結晶が起こっている温度域を区別する縦線を描け．

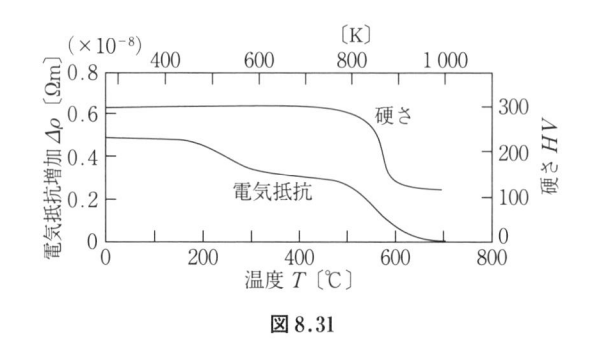

図 8.31

8.3 図 8.32 左図のようなくさび形の材料を圧延して，右図のような形状に加工した．これに焼鈍を施し，再結晶させた．結晶粒径は A と B のどちらが小さくなっているか答えよ．

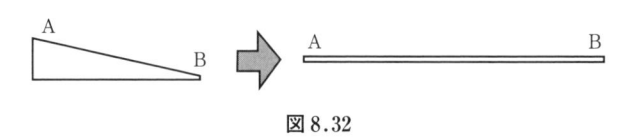

図 8.32

8.4 多結晶材料の結晶粒を小さくすると，強度が向上する．このことを表すホール–ペッチの式を示せ．用いた記号も説明すること．

8.5 Cu 合金の中でも黄銅（Cu-Zn（亜鉛）合金）と青銅（Cu-Sn（スズ）合金）は典型的な固溶強化型の合金である．Cu に Zn と Sn を同じモル％固溶させたとき，どちらが強度が高くなるか答えよ．また，その理由を説明せよ．それぞれの原子の半径は Cu：0.128 nm，Zn：0.133 nm，Sn：0.141 nm である．

8.6 溶質原子濃度と固溶強化量の関係を示せ．用いた記号も説明せよ．

8.7 図 8.33 のような状態図をもち b ％の B 金属を含む合金に析出強化を施したい．括弧内を埋めよ．

　　はじめに，すべての B 金属原子を（①）させるために（②）を行う．この処理のためには合金を（③）以上の温度に保持しなければならない．T_3 で（②）を行うとすると，最大（④）％までの B 金属を含む合金までは（②）が可能である．（②）の後に T_0 以下の氷水中に焼き入れた．急冷することで B 金属は（⑤）する時間がなく，母相金属中に（⑥）に（①）する．その後，この（⑥）固溶体を加熱して時効を

図8.33

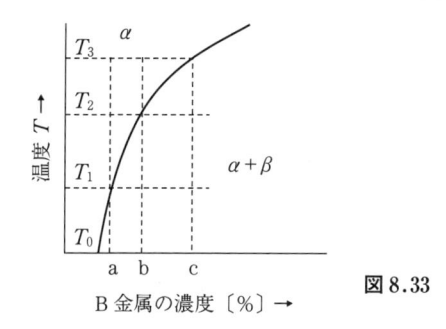

行う．加熱をすることで，B金属原子は（⑤）し析出が起こる．このとき，時効は（⑦）以下の温度行わなければならない．T_1で時効を行うと，（⑧）％のB金属原子が析出する．$T_1 < T < T_2$の温度で時効を行うと，B金属の析出量が（⑨）するため，T_1で時効を行ったときよりも析出強化量が（⑩）くなると考えられ，逆に$T_0 < T < T_1$の温度で時効を行うと析出強化量は（⑪）くなると予想される．

8.8 時効に伴う材料の硬さ変化（時効硬化曲線）の概形を描け．加えて，なぜ時効の経過に伴いこのような強度の変化が生じるのか，ピーク時効以前と以後での強化機構とあわせて考察せよ．

8.9

（1） Cu（銅）の臨界分解剪断応力が0.5 MPaであるとする．Cu単結晶を[123]方向より引っ張った際の降伏応力を求めよ．このとき，主すべり系は$(\bar{1}11)[101]$である．

（2） Cu単結晶中に半径5 nmの析出物が中心間隔50 nmで析出した．この単結晶を[123]方位より引っ張った際の降伏応力を求めよ．Cuの剛性率は44.5 GPa，バーガース・ベクトルの大きさは0.254 nmである．この際，析出物は硬く，転位によって剪断されないとする．

9 材料評価法

材料の強度を7章で，材料の強化法を8章で学んだ．本章では，材料強度の評価方法について学ぶ．本章では，材料の評価方法として，引張試験・圧縮試験，硬さ試験，疲労試験，クリープ試験，衝撃試験および摩耗試験について紹介するが，種々の環境下で使用される機械材料にとって，そのいずれもが重要な性質であることを認識してほしい．

9.1 引張試験・圧縮試験

7.1節で触れたが，機械的性質を調査する目的で引張試験が，図7.1に示すような試験機を用いて行われる．最終的に試験片は破断するが，いくつかの破断形態があり，その模式図を**図9.1**に示す．**脆性破断**(brittle fracture)とは，ほとんど塑性変形せずに破断することであり，図(a)は，その中でも断面が**へき開面**(cleavage plane)となった場合である．hcp構造の単結晶などでは，

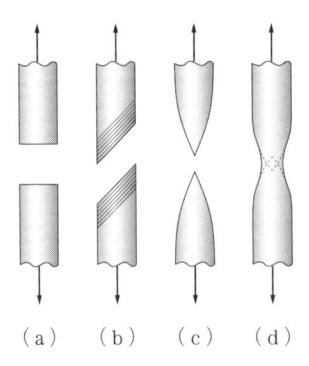

(a) (b) (c) (d)
図9.1 引張試験片の破壊形態

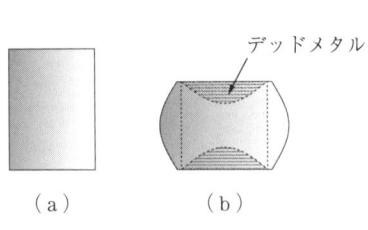

(a) (b)
図9.2 非理想的な圧縮による樽形変形

図(b)に示すような剪断による破壊（fracture, failure）が観察される。延性の非常に大きい金属では，図(c)のように断面収縮率が非常に大きくなり破断するが，一般的には，図(d)に示すような，これらが複合的に生じた破断形態を示すことが多い。

　圧縮試験に用いられる試験片の形としては，通常の金属材料では丸棒が，鋳鉄などの脆い材料では立方体が多く使用される。**図9.2**(a)に示すような金属の短い丸棒を圧縮して応力-ひずみ曲線を正確に得ることは難しい。これは，試験片の両端と圧縮工具との接触面に作用する摩擦力の影響が大きく，摩擦のために試験片端部の変形が妨げられ，図(b)のように樽形に変形してしまうからである。この未変形部分を**デッドメタル**（dead metal）という。試験片が短いほど，この影響は大きくなる。これを防ぐためには，試験片に十分な縦横比を与えるとともに両端面を十分平滑に仕上げ，潤滑剤を用いるとよい。

　結晶粒界を亀裂が通って破壊する現象を**粒界破壊**（intergranular fracture）という。高温環境下でのクリープ（9.4節参照）においては，粒界すべりによって粒界に沿った亀裂が発生し，破壊を生じることがある。また，常温でも腐食環境下では，脆性的に粒界破壊が生じることがある。一方，結晶粒内を通る亀裂によって破壊が生じる場合を**粒内破壊**（transgranular fracture）という。**図9.3**に粒界破壊と粒内破壊の模式図を示す。

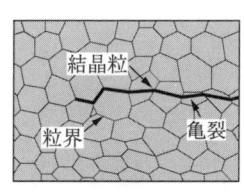

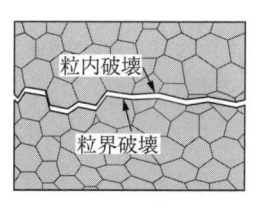

（a）亀裂発生　　　（b）破壊後

図9.3 粒界破壊と粒内破壊の模式図

9.2 硬さ試験

硬さ（hardness）は機械材料に要求される重要な機械的性質の一つであり，

材料の変形抵抗と密接に関係する。手軽に測定でき，硬さの値から種々の機械的性質の推定が可能である。そのため，工業的に広く用いられており，実用的価値も高い。硬さ試験には多種多様な方法があるが，静荷重により被測定物に**圧子**（indenter）を押しつけ，このときの荷重と，これによって生じる**圧痕**（indentation）の大きさから硬さを決める押込み式が広く用いられる。ほかに，引っかき式や衝撃式などがある。

押込み式試験方法の一つに**ビッカース硬さ試験**（Vickers hardness test）がある。これは，金属の硬さ評価によく用いられる。対面角 $\alpha=136°$ のダイヤモンド正四角すい圧子を用い（**図9.4**（a）），荷重 P〔kgf〕を加えて圧子を試料面に押しつける（図（b））。試料面に形成したピラミッド形の圧痕（図（c））の対角線長さ d〔μm〕を計測する（図（d））。そして，対角線長さから求めた圧痕の表面積で試験荷重を除した値 HV を求める。すなわち

$$HV = \frac{P}{d^2/2\sin\frac{\alpha}{2}} = 1.854\frac{P}{d^2} \text{〔kgf/mm}^2\text{〕} \tag{9.1}$$

から求められる。ただし工業的には単位をつけないで表示することが規定されている。ビッカース硬さ試験では，均質な材料に対しては荷重の大小に関係なく，一定の値の硬さが得られる。

局部的な硬さを図る目的のために荷重が1 kgf 以下で測定した際の測定方法

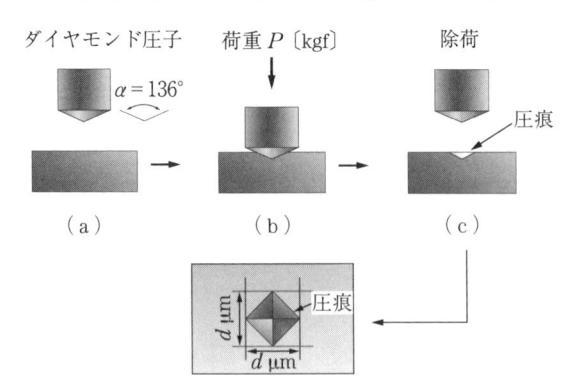

（a）　　　　　　（b）　　　　　　（c）

（d）　圧痕の対角線長さ d〔μm〕の計測

図9.4　ビッカース硬さの測定方法

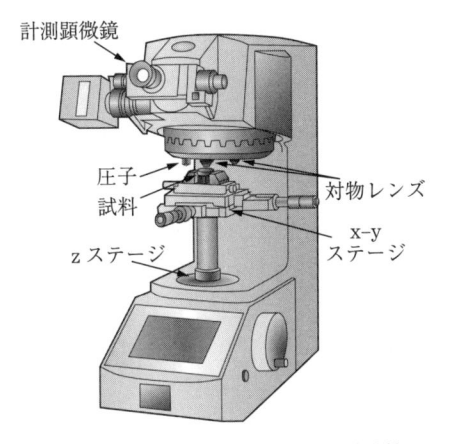

図 9.5 マイクロビッカース硬さ試験機

およびそのビッカース硬さを，マイクロビッカース試験および微小硬さと呼ぶ。図 9.5 にマイクロビッカース硬さ試験機の外観を示す。

ビッカース硬さ以外の押込み式の硬さ測定方法として，鋼球または超硬合金球の圧子を用いて試験面にくぼみを付け，球状の永久くぼみの表面積〔mm^2〕で試験荷重を除した値で定義される**ブリネル硬さ**（Brinell hardness）や，押込み深さから求める**ロックウェル硬さ**（Rockwell hardness）がある。ほかには衝撃式として，試料面上に一定の高さから落下させたハンマのはね上がり高さで求める**ショア硬さ**（Shore hardness）などが一般的に利用される。

9.3 疲 労 試 験

9.3.1 疲 労 と は

実際の機械類や構造物の破壊事故の約 80％は**疲労**（fatigue）が原因とされる。このため，疲労特性を明らかにし，疲労強度を評価することは重要である。疲労問題の中でも，切欠き疲労，腐食疲労，フレッティング疲労などは，単純な疲労よりも寿命がさらに短くなる傾向がある。ここで，疲労とは広い意味では繰返し応力あるいは繰返しひずみにより金属の性質が変化することをさ

すが，一般的には引張試験では破壊を生じない低い応力でも，これを繰返し負荷することにより材料に亀裂が発生し，成長して最終的に破壊に至る現象のことを意味する。その応力振幅あるいはひずみ振幅の典型的な例を図9.6に示した。単純に分類した場合，疲労中の応力変化は，引張応力の繰返し，圧縮応力の繰返し，または引張応力と圧縮応力の繰返しがある。いずれも，最大応力が材料強度より低い場合でも破壊が起こるのが疲労の特徴である。

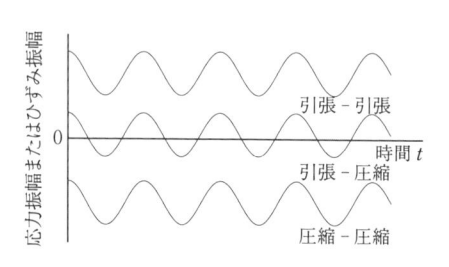

図9.6 疲労中の応力振幅またはひずみ振幅の典型的な例

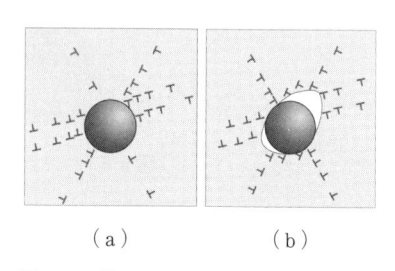

図9.7 粒子周囲における転位の堆積と空孔発生

疲労過程では，まず繰返し変形による転位下部組織の形成などミクロ組織の変化が生じ，つづいて微視亀裂が発生する。この微視亀裂が成長あるいは合体することで主亀裂へと発展する。さらには主亀裂が安定成長し，最後は主亀裂の不安定成長から破壊へ至る。材料内部での空孔（ボイド）と亀裂の発生の例を図9.7に示す。すべり面上を移動してきた刃状転位は粒子によって止められ堆積し，粒子と母相の界面に応力集中が発生する。その結果，界面の剥離による空隙が生成する。転位の堆積によっても微小空孔の核が形成される。

図9.8に示すように，いったん空孔が発生すると，亀裂先端での応力集中によって容易に成長でき，その成長と合体によって破壊に至る（図9.9）。したがって材料内部に大きな欠陥が始めから存在する場合，その疲労寿命は著しく短くなる。

亀裂先端部での応力場は式 (9.2) を用いて見積もることができる。

$$\sigma_y = \frac{K}{\sqrt{2\pi x}} \tag{9.2}$$

ここで x は亀裂先端からの距離である。応力拡大係数 K は亀裂の形状に強く

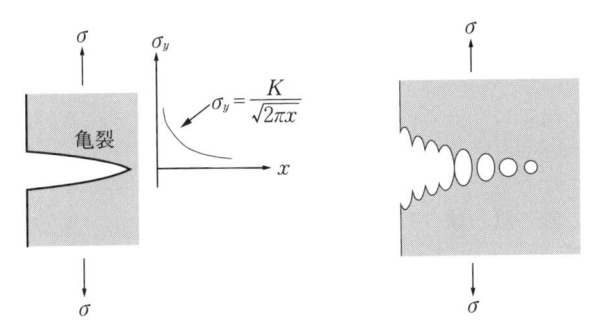

図9.8 亀裂先端での応力場の模式図　　図9.9 空孔・亀裂の合体

依存し，亀裂のサイズが大きいほど，亀裂先端が鋭利なほど大きくなる．式(9.2)は，亀裂先端では無限大の応力集中が起こることを示しており，亀裂の進展は低い応力でも容易に起こることがわかる．

疲労特性の評価としては，亀裂（あるいは切欠き）を含まない平滑試験片を用い，応力あるいはひずみ振幅を制御した条件で繰返し変形を与え，試験片が破断するのに要する繰返し回数を求める方法がある．ここで，亀裂発生までには全寿命の90％が費やされる．この亀裂の成長を含めた全寿命が**疲労寿命**（fatigue life）として評価される．しかし，この実験には日数がかかるため，あらかじめ試料に亀裂を導入し，その成長を破壊力学的に解析する方法がある．

疲労による破断面には**図9.10**に示したような，平行な模様が現れる．これを**ストライエーション**（striation）と呼び，疲労破壊破面に特徴的な組織である．例えば機械材料の破断面にストライエーションが観察された場合，破壊が疲労によってもたらされたと判断できる．ストライエーション形成の機構は完全には明らかになっていないが，応力振幅に伴う亀裂先端での閉口と開口によって形成されるとするのが有力である．実際，応力振幅やひずみ振幅が大き

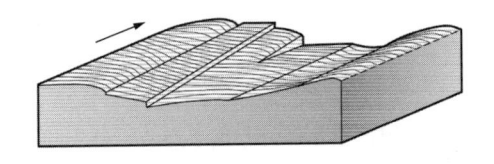

図9.10 疲労破壊破面に現れるストライエーションの模式図

い場合，ストライエーションの間隔が大きくなり，このことが上の機構が支持される根拠の一つとなっている．なお，図中では矢印によって亀裂の進行方向を示した．

9.3.2 疲労試験

一定応力振幅の下，平面曲げ，回転曲げ，単軸引張－圧縮あるいは引張－引張などの試験を行い，試験片の疲労破壊に要した繰返し数 N_f を応力振幅 σ_a に対してプロットする．これを S-N 曲線と呼び，**図 9.11** に典型的な例を示す．ここで通常，縦軸はリニアスケール，横軸は対数スケールである．

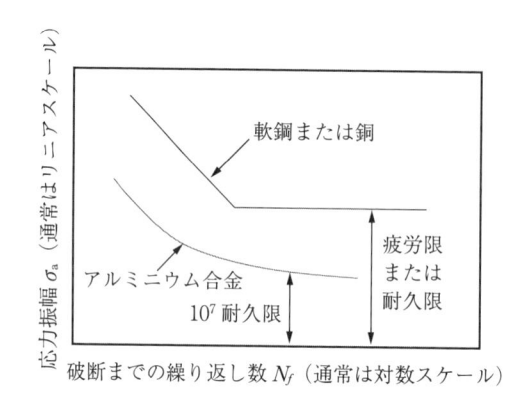

図 9.11 S-N 曲線の例

鋼などでは応力振幅を小さくした場合，疲労破壊が生じない**疲労限**（fatigue limit）または**耐久限**（endurance limit）が現れる．しかし，アルミニウム合金などの非鉄金属では，図 9.11 に示すように，破断までの繰返し数が徐々に低下し，疲労限が現れない場合がある．そのため，繰返し数 10^7 回を耐久限と定義する．

9.4 クリープ

9.4.1 高温環境と負荷

エンジンなどの熱機関の最大効率は，温度が高いほど高くなる．例えば，ガ

9.4 クリープ

スタービンエンジンの場合，タービン入り口温度の上昇とともに出力は直線的に増加する．しかし，タービンの動翼には回転による大きな遠心力が作用するため，タービン自体が変形・破壊することなしに入り口温度を高めるためには，高温でも十分な強度をもつ材料が必要となる．このように，材料の高温強度が必要とされる場面は数多い．

いま，図 9.12 のように線材に重りをぶら下げてみよう．重りを結びつけた瞬間から，この線材の伸びを時間ごとに計ってみる．温度が低い場合，線材には重りが結びつけられた瞬間にある伸びが起こるが，線材の伸びはきわめて短い時間の後に停止する．このような低温における変形では，伸びひずみ ε と重りをぶら下げてからの時間 t との関係は図 9.13 のようになる．一方，高温域では，ひずみと時間の関係は低温域の場合とはまったく異なり，図 9.14 のようになる．高温域では伸びは止まることなく粘性的に続き，最終的には破断に至る．

図 9.13 に示した低温域での場合，線材の伸びやひずみの量は実質的に重りの質量だけで決まる．しかし高温域の場合には，伸びやひずみの量は，単純に

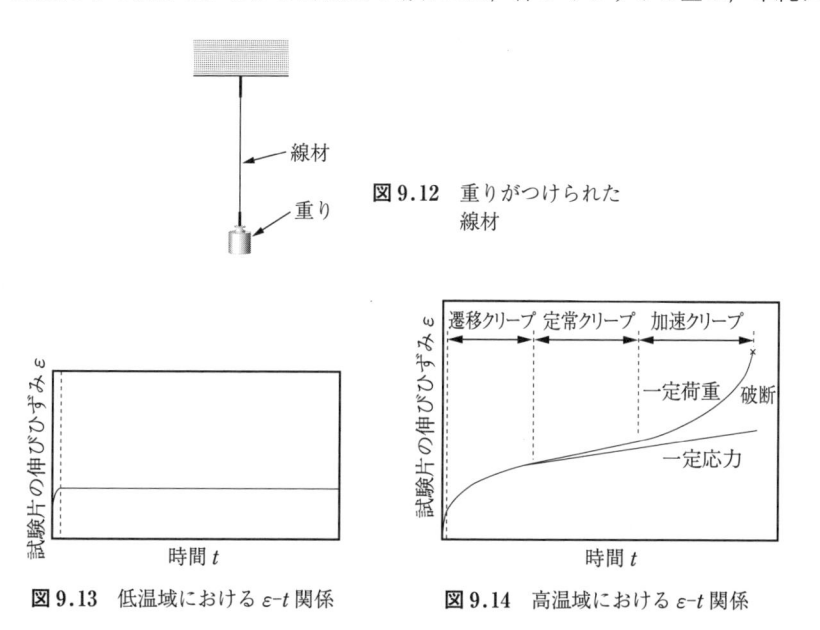

図 9.12 重りがつけられた線材

図 9.13 低温域における ε-t 関係

図 9.14 高温域における ε-t 関係

重りの質量のみではなく，重りがぶら下がっている時間を考慮しなければならない。変形を記述する際に，時間が必要となることが高温変形の大きな特徴である。

9.4.2 クリープ試験

高温域で顕著となる一定の荷重や応力のもとでのひずみの増加を**クリープ**（creep）といい，図 9.14 のような ε-t 関係を表したものを**クリープ曲線**（creep curve）という。クリープ曲線は，遷移クリープ（transient creep），定常クリープ（steady creep）および加速クリープ（3 次クリープ，tertiary creep）の三つの領域に分けられる。この中で，定常クリープはひずみ速度 $\dot{\varepsilon}$（$=d\varepsilon/dt$）が時間に依存せず，ほぼ一定となる領域である。

このようなクリープ曲線を得るための材料試験を**クリープ試験**（creep test）という。図 9.12 で示したような簡単な状況では一定荷重の試験条件（**定荷重クリープ試験**（constant-load creep test））となる。**図 9.15** に定荷重クリープ試験機の模式図を示す。

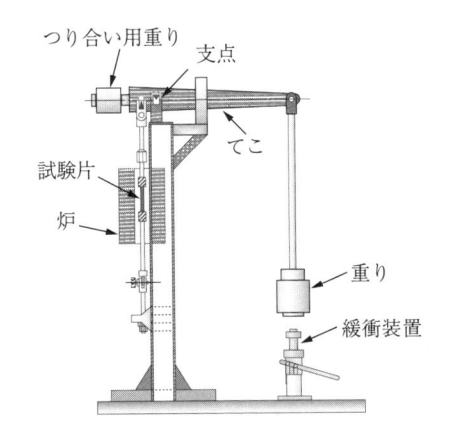

図 9.15 定荷重クリープ試験機の模式図

材料の機械的性質を定量的に議論するためには，一定応力のクリープ試験（**定応力クリープ試験**（constant-stress creep test））で評価したほうが扱いは容易になる。図 9.14 のように一定荷重と一定応力の実験条件では伸びの増加

とともにクリープ曲線に違いが生じてくる。しかし，一定応力の条件であっても，得られるクリープ曲線には上記のような三つの領域が現れる。

9.4.3 クリープ速度の温度と応力依存性

クリープ曲線は前節で述べたように，三つの領域に分けることができる。瞬間伸び（$t=0$ で生じるひずみ）と遷移クリープ領域でのひずみは短時間で生じるために，構造物に許された弾性変形量と同じように取り扱われることが多い。遷移クリープに続く定常クリープ領域では，ひずみは時間とともに一定速度で増加する。クリープを考慮して構造物を設計する場合に最も問題となるのは，この定常クリープ領域における一定のひずみ速度である。

クリープ曲線の温度による変化を**図 9.16**（a）に，応力による変化を図（b）に示す。クリープは温度が高く，また応力が大きいほど速く進行する。この項では，定常クリープ領域に注目して，クリープ速度の温度依存性と応力依存性を考える。

一定応力下での定常クリープ速度 $\dot{\varepsilon}$ は，ある温度範囲で

$$\dot{\varepsilon} = C_1 \exp\left(-\frac{Q}{RT}\right) \tag{9.3}$$

という温度依存性を示すことが実験的に明らかになっている。ここで，C_1 は

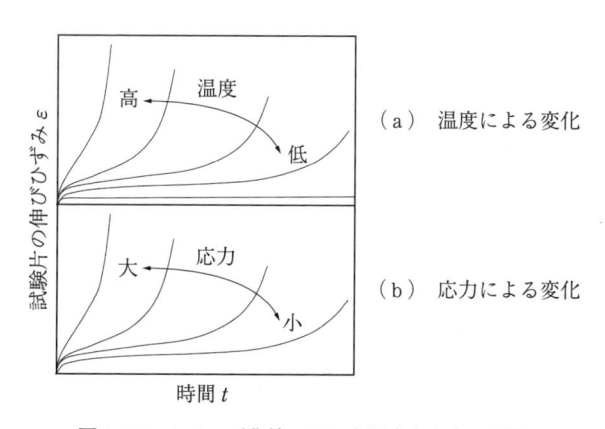

図 9.16 クリープ曲線に及ぼす温度と応力の影響

定数，Q はクリープ変形のためのみかけの活性化エネルギー，R は気体定数，T は温度である．式 (9.3) は，4.2.3 項で学んだアレニウス型の式となっており，クリープが熱活性化過程によって支配されていることを示唆している．定常クリープの活性化エネルギーは自己拡散（体拡散）の活性化エネルギー Q_v に一致していることが多くの材料でみいだされており（**図 9.17**），これはクリープの機構を論じるうえで重要な事実である．

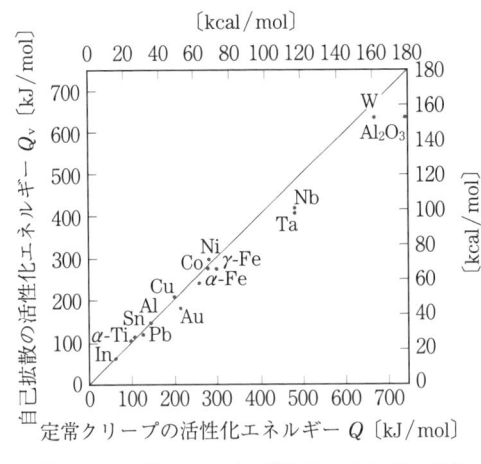

図 9.17 定常クリープの活性化エネルギー Q と自己拡散の活性化エネルギー Q_v の関係

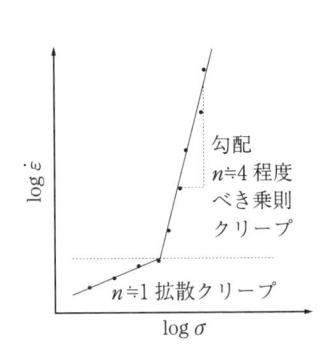

図 9.18 定常クリープ速度の応力依存性

一定温度における定常クリープ速度と応力 σ を両対数プロットすると，**図 9.18** のようになり，両者の関係は

$$\dot{\varepsilon} = C_2 \sigma^n \tag{9.4}$$

と表される．ここで，C_2 は定数，n は**応力指数**（stress exponent），または**クリープ指数**（creep exponent）と呼ばれる．通常応力指数は 3 から 8 程度の値をとる．式 (9.4) の形式から，この種のクリープを**べき乗則クリープ**（power-law creep）という．また，図 9.18 に示されるように，低応力域では $n \fallingdotseq 1$ となっており，べき乗則クリープとは異なる変形挙動を示す．このようなクリープを**拡散クリープ**（diffusional creep）と呼ぶ．

9.4.4 拡散クリープ

拡散クリープは転位が運動できないような非常に低い負荷応力下で生じ，負荷応力を緩和する方向に拡散が起こることによって変形が生じる．また，遷移クリープ域がほとんど現れないのが特徴である．

一般の多結晶材料内では個々の結晶粒および結晶粒界がランダムに配置している．したがって，一軸応力下では粒界に作用する垂直応力が粒界ごとに異なり，高温下では粒界に形成される空孔の密度に差が生じる．すなわち，垂直応力の大きな粒界では空孔密度が高くなる．この粒界間の空孔密度勾配を減少させるために原子の拡散が生じ，拡散クリープが起こる．このとき，拡散の経路は結晶粒内を通る拡散（体拡散）と結晶粒界を通る拡散（粒界拡散）があり，それぞれ Nabarro-Herring クリープ（Nabarro-Herring creep）（体拡散支配）と Coble クリープ（Coble creep）（粒界拡散支配）と呼ばれる．いずれのモデルにおいても，定常状態でのひずみ速度は応力に比例し，式 (9.4) において $n=1$ となる．

Nabarro-Herring クリープと Coble クリープのクリープ速度 $\dot{\varepsilon}$ はいくつかの近似が含まれるが，いずれも速度式が導出されている．Nabarro-Herring クリープにおいては，体拡散の拡散係数 D_v と結晶粒径 d を用いて

$$\dot{\varepsilon} = 4\sigma \frac{D_v \Omega}{kTd^2} \tag{9.5}$$

と書ける．ここで，σ は外部応力，k はボルツマン定数，Ω は原子 1 個あたりの体積である．すなわち，Nabarro-Herring クリープにおける定常状態でのひずみ速度は応力に比例し，結晶粒径の 2 乗に反比例する．粒界拡散支配によって起こる Coble クリープについても，粒界拡散係数 D_b と粒界の厚さ w_b を用いて，以下のように表される．

$$\dot{\varepsilon} = 16\sigma \frac{D_b w_b \Omega}{kTd^3} \tag{9.6}$$

Coble クリープにおいても，ひずみ速度は応力に比例するが，結晶粒径 d の 3 乗に反比例となる．

Nabarro-Herring クリープと **Coble クリープ**は同時に起こるクリープ変形

機構である．式 (9.5) と式 (9.6) の右辺からそれぞれの機構によるクリープ速度の比を求めると

$$\frac{D_\mathrm{v} d}{D_\mathrm{b} w_\mathrm{b}} \gg 1$$

ならば，Nabarro-Herring クリープ主体で変形が進行し

$$\frac{D_\mathrm{v} d}{D_\mathrm{b} w_\mathrm{b}} \ll 1$$

ならば，Coble クリープ主体で進行する．結晶粒径依存性の違いから，他の条件が一定の場合，結晶粒径が微細であるほど Coble クリープが支配的となると考えられている．

9.4.5 べき乗則クリープ

　べき乗則クリープが生じる応力域では，外部応力は転位の運動を起こすのに十分なほど大きく，クリープ変形は転位の運動によって起こる．この転位の運動には拡散が関与する．しかし，これは転位運動による変形と前項で説明した拡散による変形（拡散クリープ）が加算的に起こるのではなく，変形はあくまでも転位のすべり運動によってもたらされ，このとき拡散による転位の上昇運動が重要な役割を果たす．べき乗則クリープの機構はいくつかあげられているが，代表的なものとして，クリープ速度は刃状転位の上昇速度によって律速されるとしたモデルがある．このような場合，転位論に基づいて得られるべき乗則クリープの定常クリープ速度は

$$\dot{\varepsilon} = \left(\frac{4}{\alpha^2}\frac{D_0}{b^2}\right)\left(\frac{\mu\Omega}{kT}\right)\left(\frac{\sigma}{\mu}\right)^3 \exp\left(-\frac{Q_\mathrm{v}}{kT}\right) \tag{9.7}$$

と書ける．ここで，α は 1 程度の定数，D_0 は体拡散の振動数因子，b はバーガース・ベクトルの大きさ，μ は剛性率である．一方で，実験結果を最もよく説明する経験式はつぎのように書かれる．

$$\dot{\varepsilon} = A_\mathrm{c} \nu_\mathrm{D} \left(\frac{\mu\Omega}{kT}\right)\left(\frac{\sigma}{\mu}\right)^n \exp\left(-\frac{Q_\mathrm{v}}{kT}\right) \tag{9.8}$$

ここで，A_c は無次元の定数で，実験からのみ求められる．ν_D は原子の振動数

である．理論式 (9.7) と経験式 (9.8) は同一の温度依存性をもち，また剛性率などの物性値の関数系も類似している．しかし，理論式では応力指数は 3 となるが実験的に得られる n の値は，表 9.1 に示すように，3 よりも大きな値となっている．

表 9.1　種々の純金属における応力指数

(a) fcc 金属

Cu	Ni	Ag	Al	Pb	γ-Fe
4.8	4.6	4.3	4.4	5	4.5

(b) bcc 金属

W	V	Cr	Nb	Mo	Ta	α-Fe
4.7	5	4.3	4.4	4.85	4.2	6.9

(c) hcp 金属

Zn	Cd	Mg
4.5	4	5

9.4.6　変形機構領域図

変形機構領域図（deformation-mechanism map）は，温度や応力などの変化による塑性変形の機構変化をわかりやすく示したものである．その模式図を図 9.19 に示す．横軸は融点 T_M で規格化した温度，縦軸は剛性率で規格化した負

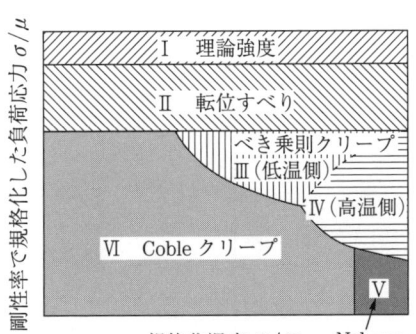

図 9.19　変形機構領域図の模式図

荷応力を示している．変形時の条件，温度と応力によって図中のある点が定まるが，その点が図中の線で区切られた領域のいずれに属するかで，その条件での変形機構を知ることができる．

9.5 衝 撃 試 験

静的な負荷では高い強度を示す材料でも，衝撃的な荷重に対しては脆くなり，容易に破壊することがある．また，常温では延性のある材料でも，低温では脆性破壊することがある．これらのことは，荷重条件や温度によって材料の延性，**靱性**（toughness）が変化することを意味する．**衝撃試験**（impact test）は，主として材料の靱性（ねばり強さ）の判定のために行われる．

衝撃試験として広く用いられているものに**シャルピー衝撃試験**（Charpy impact test）がある．図 9.20 にシャルピー衝撃試験機の模式図を示す．ハンマを試験片に振り下ろし，一度の衝撃で試験片を破壊する．靱性の高い材料では，破壊に要するエネルギーが大きいため，ハンマのもっていた運動エネルギーは吸収され，振上がり角度は小さい．逆に，靱性に乏しい材料では，ハンマの振上がり角度は大きい．破壊に要したエネルギー（吸収エネルギー）を試料の断面積で割った値をシャルピー衝撃値 E_C といい，靱性の尺度とする．

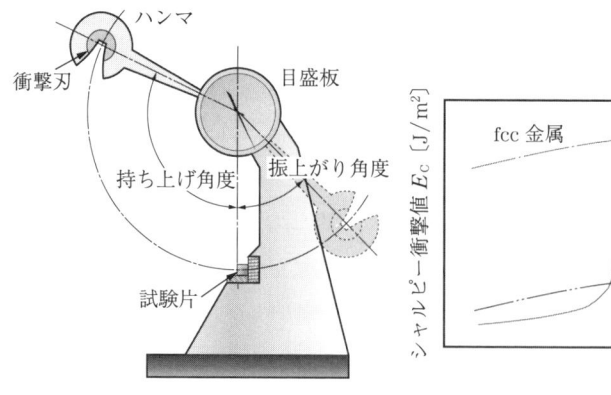

図 9.20　シャルピー衝撃試験機の模式図 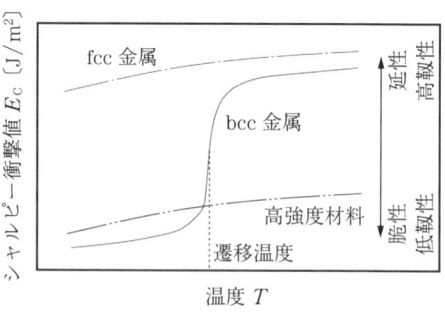　　図 9.21　シャルピー衝撃値の温度依存性

種々の温度でシャルピー衝撃試験を行うと，**図9.21**のような結果が得られる。fcc金属はシャルピー衝撃値の温度依存性が小さいのに対し，bcc金属ではある温度を境に大きく変化する。この温度を**延性-脆性遷移温度**（ductile-brittle transition temperature，DBTT）という。このように，bcc金属では，延性-脆性遷移温度の存在により，機械材料としての使用環境に対する配慮が必要である。したがって，衝撃荷重を受ける環境下，極低温環境下では安全のためにfcc金属が用いられることが多い。

9.6 摩耗試験

2物体をたがいにこすると**摩耗**（wear）が生じる。ここで摩耗とは，摩擦による固体表面部分の減量現象をさす。さらに，摩耗には浮遊粒子の衝突による摩耗（粉体摩耗）や流体の衝突により生じる損傷（**エロージョン**（erosion））なども含まれる。なお，摩擦，摩耗，潤滑に関する学問を**トライボロジー**（tribology）と呼ぶ。

9.6.1 摩耗機構

摩耗はその発生原因から分類すると，**凝着摩耗**（adhesive wear），**アブレシブ摩耗**（abrasive wear），**腐食摩耗**（corrosive wear），**フレッティング摩耗**（fretting wear）および**疲労摩耗**（fatigue wear）に大別される。摩耗被害のうち，凝着摩耗が約15％，アブレシブ摩耗が約50％，腐食摩耗が約15％といわれている。以下に個々の摩耗機構の概略を示す。

物体の表面には細かい凹凸がある。個々の真実接触点においては，突起どうしが接触し，局部的な接触圧力が非常に大きくなり，それを受けて変形し，**図9.22**（a）に示すように凝着が生じる。摩耗しゅう動により，この凝着部分が剪断破壊し，摩耗する。剪断面は必ずしも凝着面とはならず，これよりも深くむしり取られることもある。このような摩耗を凝着摩耗という。

材料の一方の硬さが相手材よりも相当に大きい場合に，図（b）に示すよう

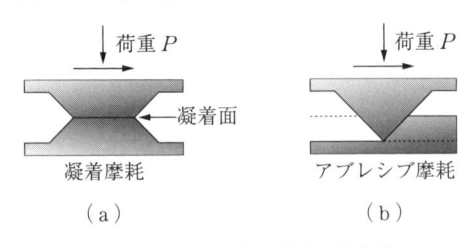

図9.22 摩耗形態の模式図と名称

に，硬い材料の表面上の突起の引っかき作用による切削あるいは掘り起こしが生じ，柔らかい材料が優先的に摩耗する。このような摩耗をアブレシブ摩耗あるいは**2元アブレシブ摩耗**（two-body abrasion）という。また，摩擦面間に混入した硬い粒子のすべりやころがりによって発生する場合もあり，これを**3元アブレシブ摩耗**（three-body abrasion）という。

雰囲気との化学反応が支配的な摩耗を腐食摩耗という。腐食性環境だけでなく潤滑油中の化学摩耗や大気中の酸化摩耗を含めた，いわゆる**メカノケミカル**（mechano-chemical）な反応を伴う摩耗全般を指す。

強く密着している接触面が，きわめて小さい振幅のしゅう動の繰返しにより摩耗する現象をフレッティング摩耗という。焼きばめ軸，リベット継手，重ね板バネや転がり軸受けなどで生じやすい。

耐摩耗性を支配する要因には，凝着性，表面酸化膜，表面あらさ，硬さと強さ，熱伝導性，化学的安定性などがある。凝着しにくい材料の組合せでは高い耐摩耗性を示す。酸化膜は凝着を防ぐ程度にできたほうがよいが，脆くて脱落しやすい場合，逆に耐摩耗性を悪化させる。あらさが大きいと接触が面ではなく点となる割合が多い悪い接触状態となり，耐摩耗性が低下する。硬い材料では接触点での変形が少ないため，耐摩耗性が高い。しかし，接触状態が悪い場合は，なじみが得にくいため，摩耗量が増加する。また，摩擦熱の放散が速いほうが耐摩耗は高く，腐食しやすいものは耐摩耗性が悪い。

9.6.2 摩耗試験

摩耗を左右する因子は上記以外，潤滑剤，雰囲気，温度，湿度，摩擦速度，

9.6 摩耗試験

摩擦圧力,摩擦部の形状,大きさなど,非常に多くて複雑である。そのため,摩耗量評価においては,目的に応じて種々の試験法が提案されている。また,摩耗量の表記としては,摩耗試験前後の質量変化,体積変化および摩耗痕の大きさなどが採られる。なお,摩耗量の表示に際しては,相手材の材質,潤滑の有無,摩擦距離,荷重などを明記する必要がある。

以下に代表的な摩耗試験法を列記する。**図9.23**(a)は試験片ピンを回転円板に押しつける摩耗試験法であり,**ピン・オン・ディスク方式**(pin-on-disk type)と呼ばれる。ピン試験片を小さくすることができ,すべり速度を変化させることも容易である。なお,回転円板を試験片,ピンを相手材とする場合もある。図(b)は回転円板に板状試験片を押しつける方式である。摩耗の進行に伴い接触面積が増加するので,摩耗痕幅を測定して摩耗量の評価を行う。中空の2個の円筒端面同士を押しつける摩耗試験法を図(c)に示す。接触荷重を大きくとれる長所を有するが,摩耗速度はあまり大きくとれない。直線往復運動による評価方法(図(d))では,摩耗量の異方性についての評価が容易である。図(e)は2個の円筒の周面同士を押しつける摩耗法である。2個の円筒の円周速度,v_1とv_2とが等しい場合には純ころがり摩耗試験となる。これに対し,円周速度が等しくない場合($v_1 \neq v_2$)はすべりを生じ,一方を固定するとすべり摩耗試験となる。

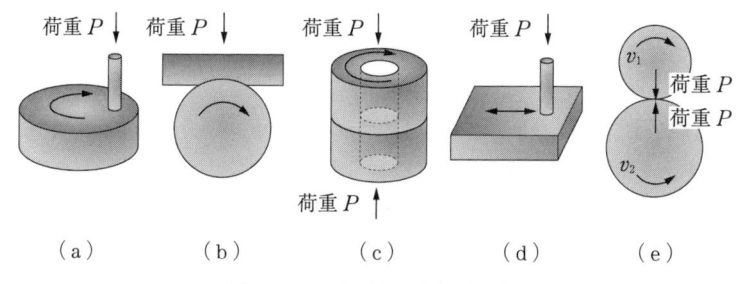

図9.23 さまざまな摩耗試験法

実際の摩耗では複雑な進行過程を示す。その進行過程を**図9.24**に示す。摩耗試験開始直後は,摩耗面のあらさ,摩擦温度の変化,加工硬化や酸化膜の付

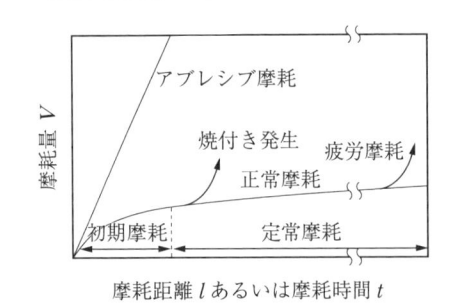

図 9.24 摩耗の進行過程

着などで，摩耗進行が不安定である．これを初期摩耗という．その後，安定な摩耗状態へと移行する．摩耗量は，定常摩耗状態における**比摩耗量**（specific wear rate）によって評価する場合がある．ここで，比摩耗量とは単位荷重，単位すべり距離当りの摩耗量をいい，通常〔$m^3/N \cdot m$〕の単位で表す．なお，単位すべり距離当りの摩耗体積は，接触荷重に比例し，硬さに反比例する傾向がある．

◇ 演 習 問 題 ◇

9.1 引張試験を行った場合，どのような破断形態があるか，分類せよ．

9.2 粒内破壊と粒界破壊の違いを比較せよ．

9.3 式 (9.1) を証明せよ．また，この値を SI 単位で表すにはどうすればよいか述べよ．

9.4 疲労破壊とはどのような破壊形態か説明せよ．また，疲労限とはなにか説明せよ．

9.5 低温における変形と高温における変形とではどのような現象的差があるか，時間とひずみとの関係から説明せよ．

9.6 シャルピー衝撃値の温度依存性は，材料の結晶構造でどのように変化するか述べよ．

9.7 摩耗の発生原因を五つに分類せよ．

10 材料各論

 これまでの章で，機械材料の種々の性質とその発現機構に関して学んできた。これにより，必要な性質・特性を有する機械材料を得る方法・手段がおおよそ理解できたと思う。ところで，同じ金属材料でも鉄とアルミニウムとでは，かなりその性質が異なる。したがって，個々の金属・合金の特性を知ることは材料選択を行うにあたり必須といえよう。本章では機械材料として重要な鉄鋼材料，アルミニウム，銅，チタン，マグネシウムおよびこれらの合金，アモルファス，準結晶，金属間化合物および複合材料の個々の性質・特性について学ぶ。

10.1 鉄鋼材料

 鉄鋼は最も大量に生産・消費される機械材料の一つである。鉄（Fe）の地殻中の存在量はO（酸素），Si, Alについで第4位（質量比で4.7%）であるが，地殻に比較的多量に含まれる他の金属元素と比較して還元が容易である。そのため，炭素（C）還元に基づく大量生産が可能であり，同時に炭素を合金元素として含む高強度の鋼（はがね）の生産に結びついている。

10.1.1 鉄 - 炭素状態図
 炭素は還元剤であると同時に鉄への有力な添加元素でもある。**図10.1**にFe近傍のFe-C2元系状態図を示す。実線はFe-**黒鉛**（**グラファイト**，graphite）系の平衡状態図，破線は準安定な**セメンタイト**（Fe_3C, θ, cementite）相の出現を考慮したFe-セメンタイト系の状態図である。炭素量0.02%[†]以下を

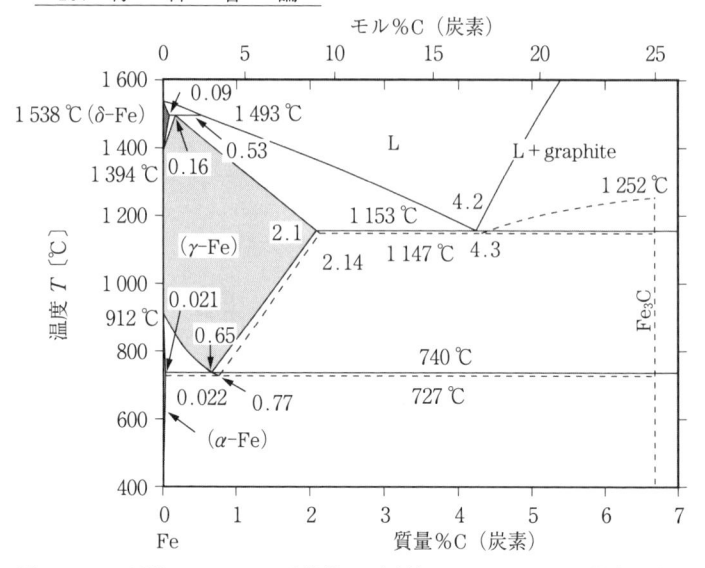

図 10.1 Fe 近傍の Fe-C 2 元系状態図（破線はセメンタイトを構成要素とする状態図。上段および下段の炭素量や濃度は，それぞれ黒鉛系およびセメンタイト系の値を示す。）

鉄，それ以上を鋼，さらに炭素量 2% 以上を鋳鉄もしくは銑鉄(せんてつ)と呼ぶ。炭素量 4.3% 付近に共晶点があるため，鋳鉄は融点が低く鋳造しやすい。鋼では準安定なセメンタイト相が組織形成に大きな役割を果たす。これに対し，鋳鉄では相平衡の黒鉛が組織形成過程の理解に重要である。

Fe-C 系合金に現れる相，組織および Fe-C 2 元系状態図中の線には特別な名称が付けられている。先に書いたセメンタイト相もその内の一つである。図 10.1 中，γ-Fe と記された相は**オーステナイト**（austenite）と呼ばれ，fcc 構造を有する。非磁性で，電気抵抗が大きい。bcc 構造を有する**フェライト**（ferrite）に比べて炭素を多く固溶することができる。ここで，フェライトは α-Fe とも呼ばれ，軟らかで展延性に富み，**キュリー点**（Curie temperature）（770 ℃）以下では強磁性を示す。炭素を最大でも 0.02% しか固溶できない。3.5 節で述べたが，炭素の原子サイズは鉄の半分強であり，γ-Fe，α-Fe いずれの場合においても炭素は鉄格子の八面体位置の隙間に入る。しかし，fcc 構

---

† 本章では，材料の組成を表す場合，特別な表記のない限り % は質量%を意味する。

造の隙間半径が $0.414r$ であったのに対し，bcc 構造のそれは $0.155r$ と小さい（r は鉄の原子半径）。このため，上記の固溶度の差が生じる。すでに述べた Fe_3C で示される炭化鉄の結晶構造は斜方晶であり，非常に硬くて脆い。強磁性であるが，213℃（A_0 点）以上で非磁性となる。また，黒鉛は炭素の同素体の一種で，六方層状結晶構造を有し，黒い金属光沢をもつ。

10.1.2 鋼の冷却（徐冷）に伴う組織変化

つぎに，共析反応付近の拡大図である**図 10.2**（a）を用いて冷却時の組織形成過程を考えてみる。Fe-0.77%C 合金は，過不足なく共析反応が生じるので，**共析鋼**（eutectoid steel）と呼ばれる。これより炭素濃度の低い鋼を**亜共析鋼**（hypo-eutectoid steel），炭素濃度の高い鋼を**過共析鋼**（hyper-eutectoid steel）という。以下では，共析鋼，亜共析鋼および過共析鋼をオーステナイト単相域から徐冷したときの組織変化について説明する。

まず，共析鋼の徐冷組織を考える。727℃以上ではオーステナイト（γ-Fe）単相である。727℃（ちょうど 1000 K）において，オーステナイトは Fe-0.02

(a) 共析反応付近の拡大図　　(b) 徐冷に伴う組織変化

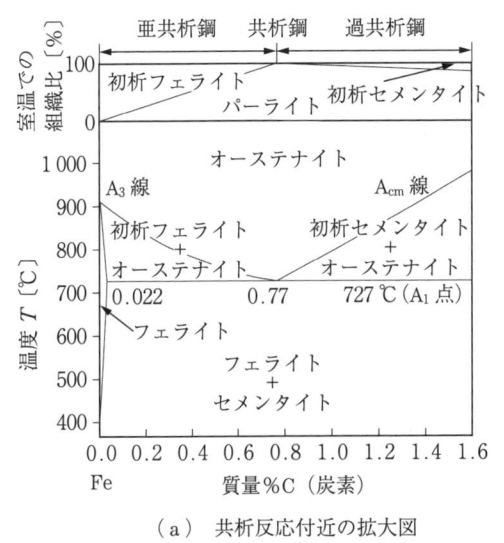

図 10.2

%C の組成のフェライトと Fe_3C（6.69%C）のセメンタイトとに分解する。この反応は γ-Fe → α-Fe + Fe_3C で示される共析変態であり，炭素の拡散によって支配される。727℃以下ではフェライトとセメンタイトとがたがいに層状に並んだ組織となる。この組織は特別に**パーライト**（pearlite）組織と呼ばれる。したがって，鋼の γ-Fe → α-Fe + Fe_3C 共析変態を**パーライト変態**（pearlitic transformation）とも呼ぶ。また，727℃を**パーライト変態温度**，共析変態温度あるいは A_1 点と呼ぶことがある。パーライト組織中のフェライトとセメンタイトの層厚さ（層間隔）は冷却速度によって変化する。すなわち，冷却速度が大きい場合は層間隔は狭く，冷却速度が小さい場合には広くなる。室温まで徐冷したときの，最終的な組織はパーライト組織である。この徐冷に伴う組織変化を図 10.2（b）に示す。

つぎに Fe-0.02%C～0.77%C の組成の亜共析鋼を徐冷したときの組織を考えてみよう。α-Fe の初析線を A_3 線と呼ぶが，A_3 線以上ではオーステナイト単相である。冷却し，温度が A_3 線に達したとき，**初析フェライト**（pro-eutectoid ferrite）が粒界に析出する。A_3 線以下，727℃（A_1 点）に至るまでは温度の低下に伴い初析フェライトの量が増加する。未変態オーステナイト中の炭素量は A_3 線に沿って増加し，A_1 点直上に達したとき，共析組成になる。そして，727℃（A_1 点）になったとき，このオーステナイトが共析変態を起こしてパーライト組織となる。このとき，すでに析出していたフェライトは変化しない。したがって，図 10.2（b）に示すように，最終組織は初析フェライトとパーライト組織の混合組織となる。

Fe-0.77%C～2.11%C の鋼を過共析鋼と呼ぶ。この組成の合金の徐冷組織はつぎのようになる。セメンタイトの初析線である A_{cm} 線以上ではオーステナイト単相である。A_{cm} 線に達したとき，オーステナイト相の粒界に沿って，網目状に**初析セメンタイト**（pro-eutectoid cementite）が析出する。A_{cm} 線以下かつ 727℃（A_1 点）以上の温度域では，温度の低下に伴い初析セメンタイトの量が増加する。未変態オーステナイト中の炭素濃度は A_{cm} 線に沿って低下し，A_1 点直上に達したとき，亜共析鋼と同様にオーステナイトの組成

は共析組成となる。そして，727℃（A_1点）において，オーステナイトが共析変態を起こしてパーライト組織となる。初析セメンタイトとパーライト組織との混合組織が最終組織である。徐冷に伴う組織変化を図10.2（b）に掲載する。

亜共析鋼では軟質の初析フェライトが多く現れ，強度と靱性の必要な構造用鋼に適している。一方，過共析鋼では硬質の初析セメンタイトが多く現れ，硬さや耐摩耗性が重要な工具鋼に適する。

10.1.3 鋼の急冷に伴う組織変化（マルテンサイト変態）

前節で鋼を徐冷したときの組織変化を学んだ。ところで，古来より鋼を焼入れすると，すなわち急冷すると硬くなることが知られている。日本刀はこれを利用している。急冷を行った場合，拡散変態であるパーライト変態は生じがたい。臨界冷却速度以上で急冷した場合，その代わりに**マルテンサイト変態**（martensitic transformation）と呼ばれる**無拡散変態**（diffusionless transformation）が生じる。この変態によって現われる準安定相を**マルテンサイト**（martensite）相といい，この急冷操作を焼入れと呼ぶ。マルテンサイト相は板状やレンズ状などの形態をとり，**図10.3**にその模式図を示す。

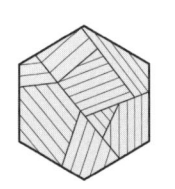

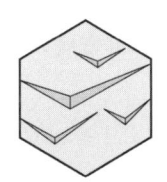

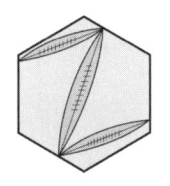

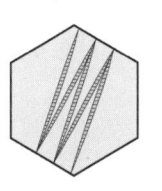

（a）ラス状　　（b）バタフライ状　　（c）レンズ状　　（d）薄板状

図10.3 マルテンサイト相の種々の形態

Fe-C鋼の**マルテンサイト変態開始温度**（M_s**点**）は炭素濃度に依存し，また，これに伴い，マルテンサイト相の形態も変化する。**図10.4**にマルテンサイト変態開始温度と形態に及ぼす炭素濃度の影響を示す。

マルテンサイト変態では，将棋倒しのように原子が連携運動し，その剪断的

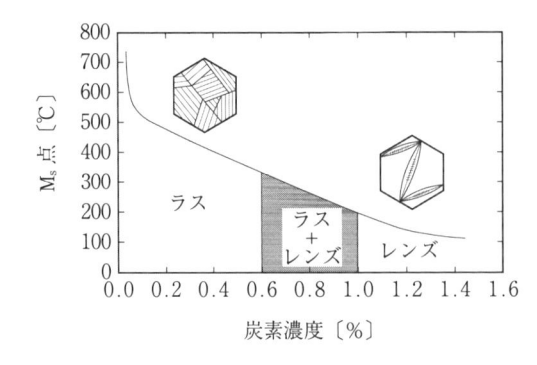

図10.4 マルテンサイト変態開始温度と形態に及ぼす炭素濃度の影響

変位によって異なる結晶構造に変化する。隣りあう原子どうしの相対位置をあまり変化しないので，無拡散変態となる。この変態は急冷だけでなく，加工によっても生じ，これを**加工誘起**（strain induced）あるいは**応力誘起**（stress induced）という。無拡散変態は非鉄合金でも数多く認められ，その中で**熱弾性型**（thermoelastic）と呼ばれるマルテンサイト変態を起こす一群の合金は**形状記憶効果**（shape memory effect）を有する。これに関しては，10.4節において説明する。

マルテンサイト変態では剪断的な変位によって新しい構造となるため，元とは違った形状を示すことになる。そのため表面に起伏ができることがある。しかし，バルク中では周囲からの拘束があるため，変態した領域が元の形状に近くなる必要があり，**図10.5**に示すように高密度の転位導入もしくは双晶導

(a) 補足的な変形なし

(b) すべり変形が起きる場合（転位，積層欠陥）

(c) 双晶変形が起きる場合（内部双晶）

オーステナイト　マルテンサイト

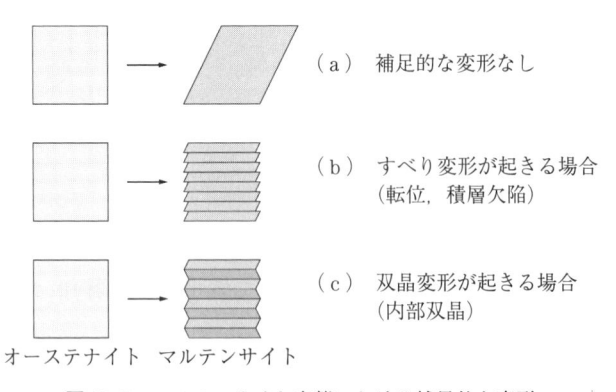

図10.5 マルテンサイト変態における補足的な変形

入による補足的な変形が付随して起きる。結果としてマルテンサイト中には多量の欠陥が導入される。

鉄鋼で現れるマルテンサイトには，結晶構造が bct 構造である α' 相と hcp 構造の ε 相があるが，後者の出現は限られている。オーステナイトと α' マルテンサイトとの間の**結晶学的方位関係**（orientation relationship）としては **Kurdjumov-Sachs**（K-S）**の関係**および **Nishiyama-Wassermann**（N-W）**の関係**が，オーステナイトと ε マルテンサイトとの間には **Shoji-Nishiyama の関係**が知られている。

Kurdjumov-Sachs（K-S）の関係

$$(111)_\gamma // (011)_{\alpha'}, [\bar{1}01]_\gamma // [\bar{1}\bar{1}1]_{\alpha'} \tag{10.1}$$

Nishiyama-Wassermann（N-W）の関係

$$(111)_\gamma // (011)_{\alpha'}, [\bar{1}\bar{1}2]_\gamma // [0\bar{1}1]_{\alpha'} \tag{10.2}$$

Shoji-Nishiyama の関係

$$(111)_\gamma // (0001)_\varepsilon, [1\bar{1}0]_\gamma // [11\bar{2}0]_\varepsilon \tag{10.3}$$

結晶の外形がある特定の面の発達によって特徴づけられる場合があり，これを**晶癖面**（habit plane）という。マルテンサイト変態においても晶癖面が生じる。**図10.6**に母相オーステナイト中に板状マルテンサイト相が生成した場合の晶癖面の模式図を示す。晶癖面は両相の最密面どうしとなることが多い。

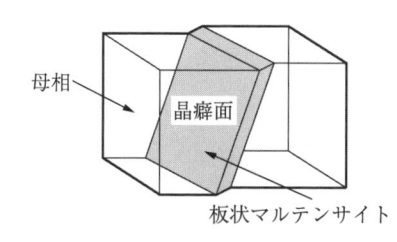

図10.6 マルテンサイト変態における晶癖面

鋼のマルテンサイト組織には，強加工材料に匹敵する高密度の格子欠陥（転位，双晶）が存在する。さらに，過飽和に固溶した炭素による固溶強化，結晶粒の微細化などが重畳して，非常に硬い。**マルテンサイト変態終了温度**（M_f 点）が常温より低い場合には，焼入れ後も**残留オーステナイト**（retained austenite）が存在する．このような残留オーステナイトの存在は，長期間の使用による寸法変化を機械材料に生じさせてしまうため，好ましくない．**深冷処理（サブゼロ処理**，subzero cooling）は，さらに低温まで冷却することでマルテンサイト変態を促進し，残留オーステナイト量を減らす方法である．

一方，残留オーステナイトを工業的に積極的に利用する方法もある．残留オーステナイトは加工誘起や応力誘起によってマルテンサイト変態を起こす場合があり，これにより延性を改善した鋼種として **TRIP**（transformation induced plasticity）**鋼**がある．

10.1.4 焼戻しマルテンサイト

鋼のマルテンサイト相は無拡散変態により形成されることから，炭素が強制固溶した広義の α 固溶体とみなすこともできる．マルテンサイト相は過飽和の炭素による固溶強化と，導入された欠陥による加工硬化類似の強化によって硬くて脆いため，実用に供しにくい．A_1 点以下の適した温度に加熱する**焼戻し**（tempering）では，マルテンサイト変態時に導入された界面や転位上に，過飽和に固溶した炭素が炭化物として微細析出することで，**焼戻しマルテンサイト**（tempered martensite）となり，母相 α の析出強化に寄与する．

炭素を減らし，Ni によって焼入れ性を高めた合金鋼は軟らかく加工性の高いマルテンサイトが得られる．これに Co，Mo，Ni，Ti，Al などを添加し，500 ℃近傍で焼戻すことによって Ni_3Ti や Ni_3Al，Ni_3Mo などの金属間化合物（10.7 節参照）を形成して，著しい高強度を付与することができる．このような鋼を**マルエージ鋼（マルエージング鋼**，maraging steel）と呼ぶ．

10.1.5 鋼の恒温変態線図，連続冷却変態線図とベイナイト組織

前述のように，鋼の組織は冷却速度によって変化する．したがって，**図 10.7**（a）に示すように，種々の冷却速度で冷却し，変態開始温度と変態終了温度を調査する必要がある．このように，高温熱処理で γ 単相とし，種々の冷却速度で冷却した場合の組織変化を示した図を**連続冷却変態線図（CCT 線図**

10.1 鉄鋼材料　177

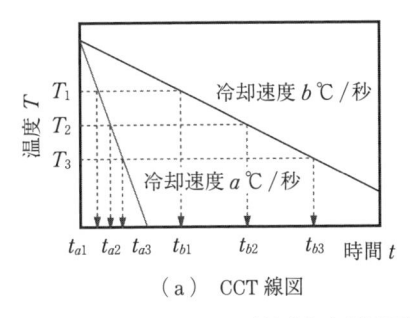

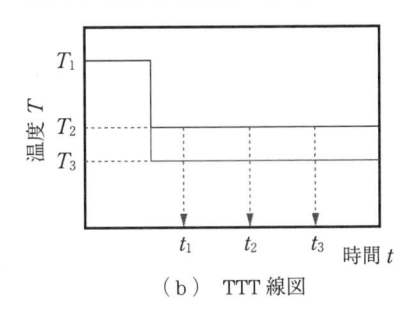

図10.7　連続冷却変態線図と等温変態線図の熱処理の差異

(continuous cooling transformation diagram))と呼ぶ。これに対し，高温熱処理でγ単相とし，図(b)に示すように，ある温度に急冷した後，等温（恒温）保持した場合の変態過程を示した図を**等温変態線図**（**恒温変態線図**，**TTT線図**（time temperature transformation diagram））と呼ぶ。

共析鋼を高温熱処理でγ単相とし，種々の冷却速度で冷却した場合の組織変化を示したCCT線図を**図10.8**に示す。パーライト変態が開始するP_sは左下がりの曲線をなしており，冷却速度が十分に速いとその冷却曲線はP_sの先端

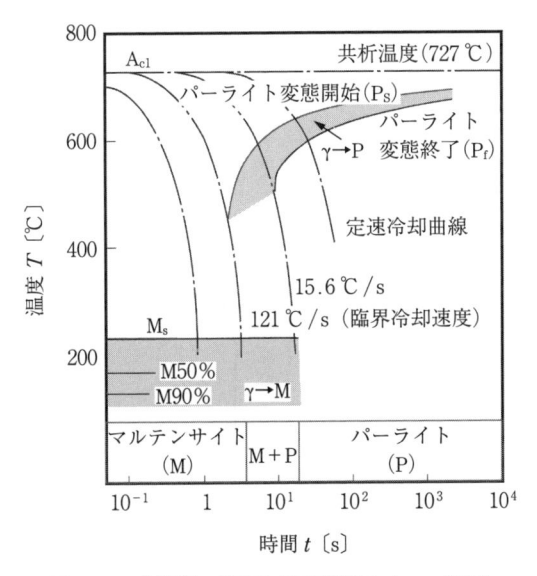

図10.8　共析鋼の連続冷却変態線図（CCT線図）

に触れず，M_s に到達してマルテンサイトが出現する。

高温熱処理で γ 単相とした共析鋼をある温度に急冷し，等温保持した場合の変態過程を示した TTT 線図を**図 10.9** に示す。パーライト変態開始（P_s）は CCT 線図で示される連続冷却より短時間となる。比較的低温で等温保持した場合，**ベイナイト**（bainite）と呼ばれる微細組織が形成される。ここでベイナイトとはパーライトとマルテンサイトの中間の温度領域で形成される組織であり，350℃以上で形成される**上部ベイナイト**（upper bainite）と 350℃以下で形成される**下部ベイナイト**（lower bainite）に大別される。α とセメンタイトの 2 相からなるが，α はマルテンサイト形成に近い剪断型変態によって γ から形成されると考えられている。α はラスもしくはレンズ状を呈する場合が多く，γ とは K-S 関係をもつ場合が多い。セメンタイトはマルテンサイトの焼戻し組織に近い分散形態をもつ。下部ベイナイトは特に強度・靭性に優れた組織である。これら CCT 線図および TTT 線図は添加元素に大きく影響される。各変態に及ぼす影響は合金元素によって異なるが，例えば Cr，Mo，V などはパーライト変態温度を上昇させる。また，Co と Al を除くほとんどの元素がマルテンサイト変態を低温側に移行させることが知られており，この傾向はベイナイト変態でも同様である。

鉄鋼材料を強靭化する手法として，加工による強化法と熱処理による強化法

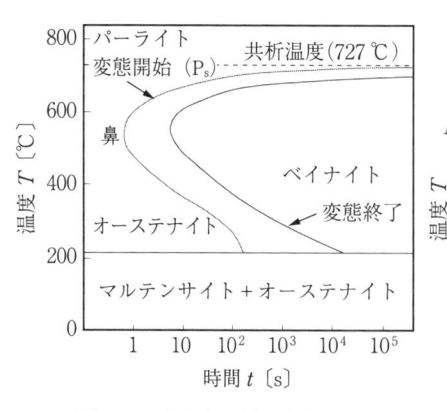

図 10.9 共析鋼の等温変態線図（TTT 線図）

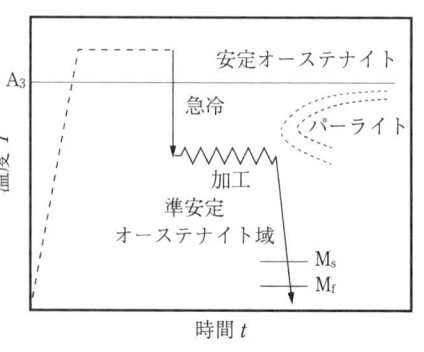

図 10.10 オースフォーミングの模式図

があるが，それらを組み合わせたものが**加工熱処理**（thermo-mechanical treatment）である．加工熱処理では，熱処理のどの工程で加工を施すかによって効果が異なる．この一例として，準安定オーステナイト域で加工を施す**オースフォーミング**（ausforming）があり，**図10.10**にその模式図を示す．この図中，ギザギザは加工を表す．この処理により，靱性の低下がほとんどなく，強度を5～6割向上することができるとされる．オースフォーミングには，フェライト-パーライト変態が起こりにくく準安定オーステナイト域の広い，Cを含むCr，Mo，Vなどの合金鋼が適している．

10.1.6 鋼 の 分 類

主要な炭素鋼は，1) プレス加工によって成形する加工用薄鋼板，2) 熱間圧延のままで熱処理を行わない一般構造用圧延鋼材（建築，橋，船舶，車両などの構造物に多量に使われる），3) 圧延工程（制御圧延）や析出物（AlN，NbCなど）を工夫して結晶粒を微細化した高張力鋼（ハイテン），4) 熱処理を施して各種機械に用いられる機械構造用鋼などに分類される．さらに，ばね鋼，マルテンサイトの焼戻しに伴ってセメンタイトやそれ以上に硬度の高い炭化物を析出させた炭素工具鋼，熱間金型用合金工具鋼，高速度工具鋼（ハイス），軸受鋼などの高硬度鋼があり，耐環境性の高い鋼としてはコルテン鋼などの耐候性鋼やステンレス鋼などがあげられる．

高強度の鋼では，焼入れ・焼戻しを基本とする熱処理が，その特性の発現に利用されているかどうかが分類の基礎となる．一般にはオーステナイト相が低温まで安定，かつM_s点が高い鋼がマルテンサイト組織の形成に有利であり，高い焼入れ硬化性をもつ鋼と呼ばれる．そのような観点から，添加元素Xによるγ相安定化を理解するためにFe-X系状態図を分類すると，**図10.11**に示すように四つの型があることがわかる．

図 (a) に示した状態図はγ域開放型と呼ばれ，添加元素量の増加に従ってγ相の安定温度領域が広がっていく．このような状態図に対応する添加元素としてはNi，Mn，Pt，Coなどがあり，純金属でfccが安定な元素が多い．図

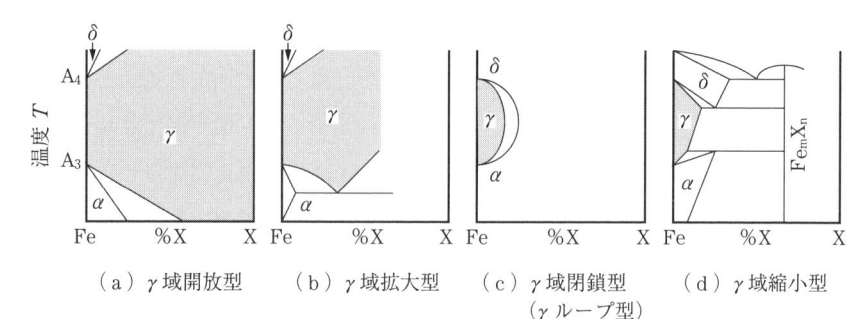

(a) γ域開放型　(b) γ域拡大型　(c) γ域閉鎖型　(d) γ域縮小型
　　　　　　　　　　　　　　　　　　(γループ型)

図 10.11　添加元素 X による γ 相安定化

(b) に示した状態図は γ 域拡大型と呼ばれ，図 (a) と同様に γ 相の安定温度領域が広がっていくが，化合物を作るなどして共析変態点をもつ。このような状態図に対応する添加元素としては C，N，Cu，Au，Pd などがある。図 (c) に示した状態図は γ 域閉鎖型 (γループ型) と呼ばれ，添加元素量の増加に従って γ 相の安定温度領域が狭まっていく。このような状態図に対応する添加元素としては Al，Cr，Mo，Si，Ti，V，W，As，P，Be，Sb などがあり，いくつかは純金属で bcc が安定な元素である。図 (d) に示した状態図は γ 域縮小型と呼ばれ，γ 相が化合物と平衡して相領域が狭くなっている。添加元素としては B，S，Nb，Zr，Ta，O，Ce などがある。図 (a) および図 (b) に対応する元素を**オーステナイト生成元素** (austenite former)，図 (c) および図 (d) に対応する元素を**フェライト生成元素** (ferrite former) と呼ぶ。A_3 温度と A_1 温度（いずれも〔℃〕）の組成依存性を示す式としてつぎの式が提案されている。ただし，ここも％は質量％である。

$$A_3 = 910 - 203 \times \sqrt{\%C} - 15.2 \times (\%Ni) + 44.7 \times (\%Si)$$
$$+ 104 \times (\%V) + 31.5 \times (\%Mo) + 13.1 \times (\%W) \quad (10.4)$$
$$A_1 = 723 - 10.7 \times (\%Mn) - 16.9 \times (\%Ni) + 29.1 \times (\%Si)$$
$$+ 16.9 \times (\%Cr) + 290 \times (\%As) + 6.38 \times (\%W) \quad (10.5)$$

一方，M_S 点も以下のように提案されている。

$$M_S = 550 - 361 \times (\%C) - 39 \times (\%Mn) - 17 \times (\%Ni)$$
$$- 35 \times (\%V) - 20 \times (\%Cr) - 10 \times (\%Cu) - 5 \times (\%Mo + \%W)$$

$$+ 15 \times (\%Co) + 30 \times (\%Al) \tag{10.6}$$

マルテンサイトの形成傾向，すなわち焼入れ性はジョミニー式一端焼入れ試験などによって評価される．**図 10.12** にジョミニー式一端焼入れ試験の模式図を示す．完全にオーステナイト化した規定寸法の円柱サンプルの端部を，室温の水で焼入れすることによって試料内に冷却速度傾斜をつくり，長さ方向の硬さの変化から焼入れ性を評価する．

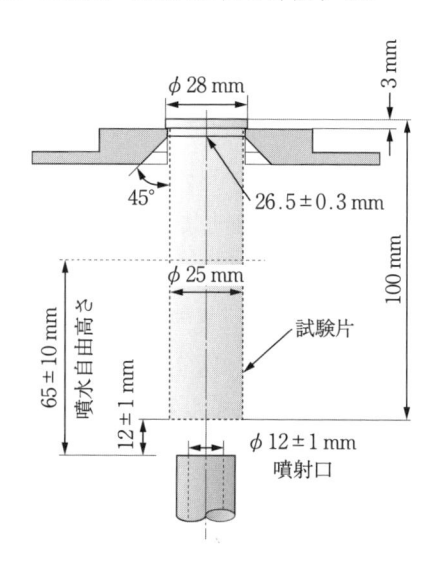

図 10.12 ジョミニー式一端焼入れ試験の模式図

一方，合金鋼ではセメンタイト以外の MC，M_6C，$M_{23}C_6$，M_7C_3 および M_2C など各種の**炭化物**（carbide）を生成する場合がある．ここで，M とは合金元素であり，その炭化物の生成能はおおむねつぎのとおりである．

$$\mathrm{Ti} > \mathrm{Nb} > \mathrm{V} > \mathrm{Ta} > \mathrm{W} > \mathrm{Mo} > \mathrm{Cr} > \mathrm{Mn} > (\mathrm{Fe}) > \mathrm{Ni, Co, Al, Si} \tag{10.7}$$

パーライト組織は，前述のようにフェライト α とセメンタイト θ とが交互に層をなしており，ばねなどに使用される硬鋼線材やピアノ線材の基本的組織である．ピアノ線の製造では，高温熱処理で γ 単相組織とした後に 550℃ 付近の**鉛浴**（lead bath）などへの熱浴焼入れと**等温変態（パテンティング**（patenting）**処理）**を施し，最後に冷間引抜きを行う．これによってパーライト中の θ は引抜方向に整列（配向）する．同時に，強加工された α は導入され

た高密度の転位による加工硬化および炭素による固溶強化が付与される。結果として，安価でありながら鉄鋼材料中最高ともいわれる高い強度の材料となる。

V，Mo，Wなどを含む合金鋼では熱処理時間の長期化に伴ってさらに硬化が起きる2次硬化がみられる場合がある。これは，これら添加元素が高硬度の特殊炭化物を形成することによるものであり，硬度を必要とする工具鋼などでは重要な現象である。

10.1.7 ステンレス鋼

ステンレス鋼（stainless steel）は，13％Crを基本とするフェライト系と18％Cr-8％Niを基本とするオーステナイト系，さらにマルテンサイト変態を起こすマルテンサイト系に大別され，多数の鋼種に発展してきた。その基本はCrに代表されるフェライト生成元素とNiに代表されるオーステナイト生成元素のバランスによるものであり，それぞれ種々の添加元素のフェライトおよびオーステナイト安定化の程度をCrおよびNiに換算して示したCr当量，Ni当量で組織の安定領域を示したものが，**図10.13**に示す**シェフラーの組織図**（Schaeffler's diagram）である。ここで，シェフラーの組織図は，高温から急冷して室温で得られる組織をNi当量とCr当量の関係で表示したものである。

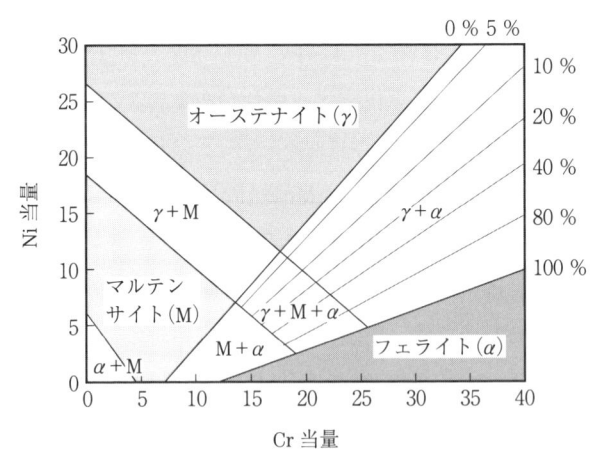

図10.13　シェフラーの組織図

Cをまったく含まない場合，18%Cr-12%Niの組成でオーステナイト単相組織となるが，Crを18%含む実用のSUS304には0.08%のCと2%程度のMnが含まれているので，Ni添加量は8%でオーステナイト単相となる。合金元素の含有量が多くなるほど高価になるので，オーステナイト系ステンレス鋼ではSUS304が最も安価であり使用量が圧倒的に多い。γとαの両相からなる2相ステンレス鋼も強度-延性バランスの点から注目されている。

フェライト系ステンレス鋼では焼鈍温度475℃で2相分離，700～800℃で金属間化合物σ相形成が起きていずれも硬化を生じ，これに伴う脆化が認められる。また，bccに特有の低温脆性（9.5節参照）も存在する。オーステナイト系ステンレス鋼はフェライト系ステンレス鋼と比べて耐食性に優るが，溶接などで450～850℃に加熱されると粒界にCr炭化物が形成され，粒界近傍のCr濃度が低下して粒界腐食を引き起こす。このように粒界腐食を引き起こしやすくなる状態を**鋭敏化**（sensitization）という。また，引張応力を受けた状態のまま塩素イオン環境にさらされると，ある時間の後に脆性的に破壊する**応力腐食割れ**（stress-corrosion cracking）が生じることがある。マルテンサイト系ステンレス鋼は耐食性や溶接性ではオーステナイト系やフェライト系ステンレス鋼に劣るものの，焼戻し熱処理によって炭化物を析出させるため，高強度である。

10.1.8 耐 熱 鋼

9.4節でも示したが，熱効率向上の観点から熱機関の作動温度上昇への絶え間ない努力が続けられている。高温環境下で用いられる材料には，耐酸化性，耐高温腐食性，数千から数万時間の使用期間に耐える強度・耐クリープ性，靱性などが要求される。これら高温環境下で用いられる合金鋼を**耐熱鋼**（heat resisting steel）と呼ぶ。耐酸化性，耐高温腐食性の付与にはCrの添加が有効であり，用途・温度によって1%～18%，さらにはそれ以上のCrを含む種々の鋼種が存在する。600℃程度までは熱膨張係数の小さいフェライト系合金が用いられるが，これ以上の高温域では拡散係数が小さいオーステナイト系が用

いられる。析出強化相としては低温用の Fe_3C に始まって Mo_2C, Cr_7C_3, $Cr_{23}C_6$ および NbC などの炭化物が用いられる。さらに高温で安定な整合析出物として Ni_3Al などの金属間化合物を用いることを意図して Ni, Al あるいは Ti などを添加した鉄基耐熱合金，さらに Ni 基，Fe 基および Co 基の**超合金**（super alloy）へと発展を遂げている。

10.1.9 鋼の表面処理

前述のとおり，耐摩耗性や疲労特性の向上のためには表面硬度の向上が効果的である。そのためには，表面のみに炭素や窒素を拡散させて強化する**浸炭**（carburization）や**窒化**（nitriding），加工組織を形成する**ショットピーニング**（shot peening），高周波加熱などを用いた表面のみの加熱・冷却による焼入れなどが施される。また，酸化やその他の環境からの影響を防止するため，**めっき**（plating）や皮膜形成が行われる場合も多い。

浸炭には木炭などの浸炭剤による固体浸炭，メタンガスや都市ガスなどによるガス浸炭，NaCN などのシアン化合物による液体浸炭がある。浸炭処理を受けた鋼の表面付近が過共析組成となると遊離 θ 相が現れるが，これはその後の熱処理時に γ に固溶しきれず，焼入れ時には亀裂発生源となって焼割れの原因となる。機械構造用炭素鋼や合金鋼の中で，このように浸炭処理を受ける鋼種は肌焼き鋼として分類される。浸炭後は焼入れと低温での焼戻し熱処理を施す。これにより，表面は硬く耐摩耗性が高くなる。引張強さは高いが伸び，絞りはほとんどないため，衝撃が加わる場所に使うことはできないが，疲労限は大きく向上する。

窒化には，Al，Cr，Ti および V などの窒化物を形成しやすい元素を含んだ窒化用鋼を用いる。500～550℃で長時間（20～100 時間），アンモニアガス雰囲気にさらすことで表面に窒化層が形成され，その後の熱処理は必要としない。高温の γ 単相では窒素は固溶して窒化層を形成せず，500℃以下の低温では窒素の拡散が遅いため，上述の窒化温度が用いられるが，合金鋼によっては焼戻し脆化が起こるおそれがある。浸炭と同様に，伸び，絞りはほとんどな

くなるため，窒化した鋼は衝撃が加わる場所に使うことはできない。しかし，表面が硬く耐摩耗性が高いほか，引張強さ，疲労限に優れる。窒化法には，上述以外にシアン化合物を用いる軟窒化法，N^+イオンを用いるイオン窒化法などが実用化されている。

表面のみを加熱・焼入れして硬化させる方法が表面焼入れである。誘導電流の表皮効果を利用した高周波加熱による高周波焼入れ，火炎バーナーや電子ビーム，炭酸ガスレーザーによる表面加熱を用いた火炎バーナー焼入れ，電子ビーム焼入れ，レーザー焼入れがある。

表面を加工硬化させ，疲労限や耐摩耗性を向上させる手法としてショットピーニングがある。これは多量のショット材（例えば鋼球や砂粒）を高速で鋼材表面に衝突させる方法であり，その模式図を図 10.14 に示す。ショットピーニングにより表面層には圧縮残留応力が加わるため，耐疲労性が向上する。

めっきは金属の表面被覆法の一つであり，融体に浸す溶融めっき，電気化学的に行う電気めっきなどがある。下地である鉄よりも酸化されやすい金属（Znなど）を被覆して優先的に溶けることで防食する犠牲陽極型皮膜と，Pb や Sn などの鉄より腐食されにくい金属で防止するバリヤ型防食皮膜がある。自動車用鋼板などには溶融亜鉛めっき，さらには Al も含む合金化溶融亜鉛めっきなどが用いられる。

図 10.14　ショットピーニングの模式図　　図 10.15　溶射の模式図

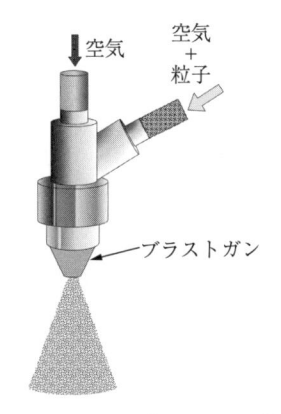

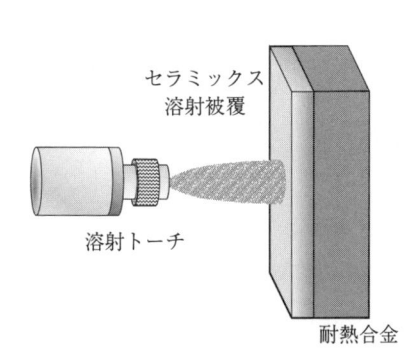

高温腐食環境下での表面の耐食性向上のため，Cr や Al を拡散浸透させる**クロマイジング**（chromizing）や**カロライジング**（calorizing）（アルミナイジング）が行われる。また，耐酸化性や熱伝導の抑制のため ZrO_2 などのセラミックス粉末を高温ガス気流中で溶解し耐熱合金表面を被覆する**溶射**（thermal spraying）が行われる。溶射の模式図を**図 10.15** に示す。

10.1.10 鋼 の 磁 性

純鉄は温度によって磁性を変える。磁性は電子のスピンの向きと配列によって決まる。フェライト相は 770 ℃ 以下では強磁性体であり，**図 10.16**（a）にそのスピンの模式図を示す。その温度以上では図（b）のような常磁性である。この磁気転移温度がキュリー点である。これに対し，オーステナイト相は常磁性であるが，極低温で図（c）に示す**反強磁性**（antiferromagnetism）に磁気転移する。この磁気転移温度を**ネール点**（Neel temperature）という。

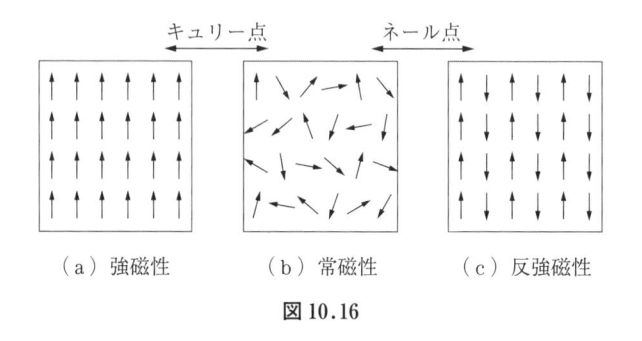

図 10.16

磁性材料を大きく分けると 2 種類ある。一つは永久磁石材料あるいは**硬質磁性材料**（hard magnetic material）といわれるものであり，その磁化曲線を**図 10.17** に示す。磁化をさせるのに大きな磁場が必要であるが，いったん磁化するとその磁化は消えにくい。最大エネルギー積，すなわち $(BH)_{max}$ が大きいほど性能の高い硬質磁性材料である。これに対し，磁芯材料のような**軟質磁性材料**（soft magnetic material）は，磁化しやすいものの，図 10.17 に示すようにその磁化は消えやすい。軟質磁性材料の場合，透磁率が大きいほど高性能で

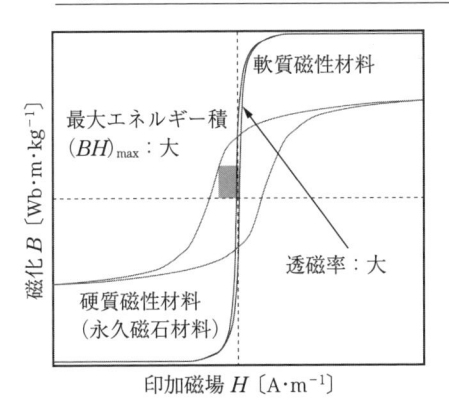

図10.17 硬質磁性材料（永久磁石材料）
および軟質磁性材料の磁化曲線

ある。

鉄系の永久磁石(硬質磁性材料)はKS鋼(Fe-Co-W-Cr-C)，MK鋼(Fe-Ni-Al)，Fe-Cr-Co磁石などがある。また，Nd-Fe-B磁石にも鉄が主要元素として含まれている。軟質磁性材料としては，ケイ素鋼板（電磁鋼板）の2次再結晶を利用した集合組織化による高性能化がなされている。一方，極低温での超伝導を利用する機器には非磁性・高靱性のオーステナイト系ステンレス鋼が用いられる。

10.2 アルミニウムおよびアルミニウム合金

10.2.1 アルミニウムの特徴と製造方法

アルミニウムは成形性がよく，密度が小さく（$2.7\,\mathrm{Mg/m^3}$），耐食性に富み，**電気伝導度**（electrical conductivity）や**熱伝導度**（thermal conductivity）が高いという特徴を有する。採掘したアルミニウムの原料である**ボーキサイト**（bauxite）を，苛性ソーダ液で溶かしてアルミン酸ソーダ液を作り，そこから**アルミナ**（**酸化アルミニウム**，Al_2O_3）分を抽出する。アルミナを溶融氷晶石の中で電気分解することにより，アルミニウム地金を製造する。この製造時には多量の電気が必要であり，アルミニウムは電気の缶詰とも呼ばれる。製造した地金を原材料として圧延，押出し，鍛造，鋳造などの加工を行い，いろいろ

な形の製品素材に成形されている。

10.2.2 アルミニウム合金

アルミニウムへ添加される主要な合金元素は，マグネシウム（Mg），マンガン（Mn），亜鉛（Zn），ケイ素（シリコン，Si）および銅（Cu）があげられる。アルミニウム合金はその使用用途によって，展伸用合金と鋳造合金に分けられる。また，析出強化を利用するかしないかによって，熱処理型合金と非熱処理型合金に大別される。ここでいう熱処理とは時効による析出強化であり，鋳塊の均質化，焼鈍などはすべての合金に共通である。図 10.18 に合金元素の主要な組合せと，アルミニウム合金の大別を示す。

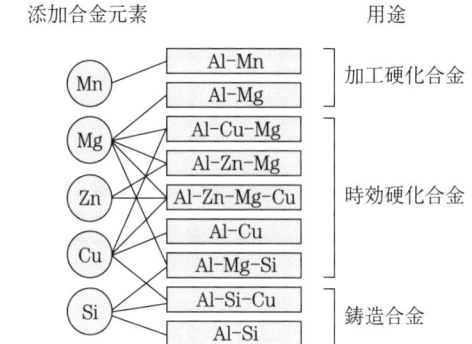

図 10.18 アルミニウム合金の合金元素の主要な組合せと大別

10.2.3 アルミニウム合金の時効析出

図 10.19 にアルミニウム側の Al-Cu 合金 2 元系状態図を示す。アルミニウム側の固溶体である α-Al は Cu を最大 5.65％まで固溶するが，温度低下とともにその溶解度が減少する。したがって，Cu 濃度が 5.65％Cu 以下の希薄合金を加熱し，α-Al 固溶体単相にした後に徐冷すると，溶解度曲線以下の温度で第 2 相が析出する。しかし，高温の均一固溶体の状態から急冷を行うと，過飽和固溶体が形成する。この溶体化処理を施した希薄 Al-Cu 合金を時効すると，時効のごく初期において，母格子 {001} 面上に Cu 原子が集合し，2 次元集合体を形成する。この時効初期に生じる母格子に整合な溶質原子の集合体を

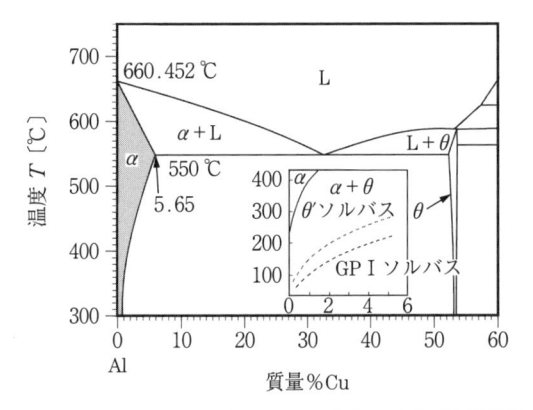

図 10.19 アルミニウム側の Al-Cu 合金 2 元系平衡状態図

G.P. ゾーン (G.P. zone) という。特に初期に生じる G.P. ゾーンを G.P. I, さらにその後の時効で生じる規則的配列をもったものを G.P. II という。これは,時効硬化性のアルミニウム合金に一般的にみられる**準安定相** (metastable phase) である。

Al-4%Cu 合金の時効に伴う硬さ変化を**図 10.20** に示す。析出過程において硬化に寄与する相としては, G.P. I, G.P. II, θ'-Al_2Cu 準安定相が考えられ,さらに時効が続くと θ-Al_2Cu 平衡相が析出する。このとき, θ'-Al_2Cu 相の粗大化と θ-Al_2Cu 相の形成により, 8.4 項の析出強化にて示した過時効現象がみられる。

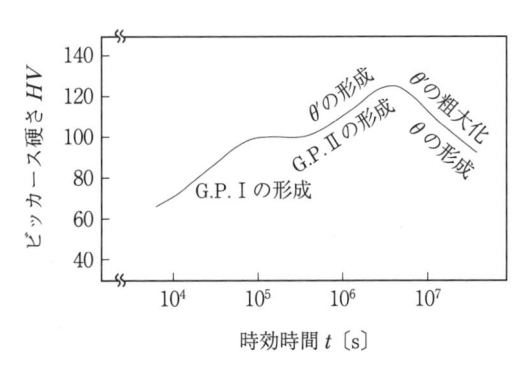

図 10.20 Al-4 質量%Cu 合金の 130 ℃時効に伴う硬さ変化

10.2.4 展伸用アルミニウム合金

アルミニウム合金は建築用材料，飲料用缶や熱交換器などに使用されるため，展伸材としての利用も多い。以下に JIS 規格別に展伸用アルミニウム合金を分類する。

1000 系は純度 99％以上の純 Al である。強度は低いが，加工性・表面処理性が優れ，耐食性もよい。装飾品，台所用品，箔，コンデンサー，電線などに使用される。Al-Cu 系合金の 2000 系は強度が高く，機械的性質や切削性に優れている合金である。ジュラルミン（2017）や超ジュラルミン（2024）が代表的で，超ジュラルミンの硬度は鋼に匹敵するが，耐食性は悪い。3000 系はマンガンの添加により，純アルミニウムの加工性，耐食性を低下させることなく強度を少し増加させた合金である。建築用材，車両用材，アルミニウム缶のボディ，台所用品に使用される。Al-Si 系合金の 4000 系は熱膨張係数が低く，耐摩耗性と耐熱性に優れる。強度向上のため，マグネシウムを多く添加した 5000 系はアルミニウム合金の中では最も耐食性がよい。加工性に優れ，陽極酸化性も良好であるので，車両，船舶，建築用材，通信機器部品，機械部品など幅広い用途に使用されている。Al-Mg-Si 系合金の 6000 系は強度，耐食性，陽極酸化性が良好である。建築，車両，家具，家電製品などに使用される。また，鉄道車両，スポーツ用品に使われている Al-Zn-Mg 系合金の 7000 系は強度に優れるものの，耐食性・陽極酸化性は比較的劣る。アルミニウム合金中最高の強度を誇る超々ジュラルミン 7075 はこの系の合金であり，航空機材料として用いられている。

10.2.5 鋳造用アルミニウム合金

JIS 規格では，前述の番号の他にアルファベットを用いて，製造方法・材質も同時に示される。例えばアルミニウム合金では最初に A を用い，A に続く C は Casting，DC は Die Casting であることを示している。添加量の差異などは末尾に A，B，C，…の英字を付加して区別する。

AC3A の組成は Al-10～13％Si 系であり，シルミンとも呼ばれ，流動性が優

れ，耐食性もよいが，耐力が低い。ケース類，カバー類の薄肉，複雑な形状のものに利用されている。**図10.21**にAl-Si合金2元系の状態図を示す。Al-12.6%Si共晶合金の融点は純アルミニウムのそれに比較し，80℃以上も低い。湯流れ性がよく，粘度の関係から偏析も起こりにくいため，共晶合金は鋳造合金として都合がよい。シルミンに銅を添加して時効硬化を可能としたAC4Bの組成はAl-7〜10%Si-2〜4%Cuであり，鋳造性がよく，引張強さは高いものの，伸びは小さい。シリンダヘッドなど一般用に広く用いられている。金型鋳造用のADC12もAl-Si-Cu系であり，機械的性質，被削性，鋳造性がよい。エンジン部品，駆動系部品，ケース類，カバー類に利用される。

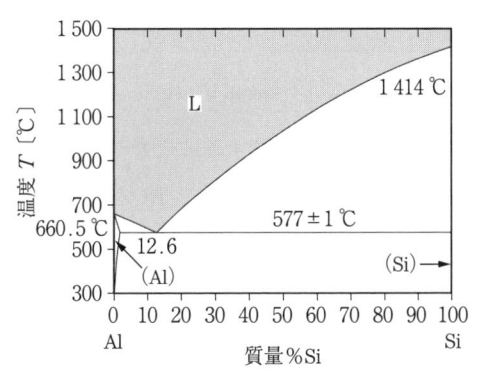

図10.21 Al-Si合金2元系の状態図

10.2.6 アルミニウム合金の調質

アルミニウム合金は冷間加工，溶体化処理，時効硬化処理および焼鈍などによって，強度や成形性などの性質を調整することができる。このような操作によって所定の性質を得ることを**調質**（temper）という。調質には記号が付けられており，それを**表10.1**に示す。製造のままのものをF，焼鈍により最も軟らかい状態としたものをOという。これに対し，加工を加えて加工硬化させたものをHという。このうち，加工硬化だけのものをH1，加工硬化後に軟化熱処理したものをH2と呼ぶ。これらは加工硬化の度合いによって，さらに細かくH2xなどに分類される。熱処理を行ったものについてはTと表示し，

表 10.1 質別記号の分類

質別記号		調質と定義	質別記号	調質
F		製造のまま	T3	溶体化処理後,冷間加工し,それを自然時効
O		焼鈍処理	T4	溶体化処理後,自然時効
H		加工硬化	T5	高温加工後,人工時効
	H1	加工硬化のみ	T6	溶体化処理後,人工時効
	H2	加工硬化後,焼鈍による軟化処理	T7	溶体化処理後,安定化処理(過時効)
	H3	加工硬化後に,低温焼鈍による安定化処理	T8	溶体化処理後に冷間加工し,さらに人工時効
T1		高温加工後,冷却し自然時効	T9	溶体化処理後に人工時効し,さらに冷間加工
T2		高温加工と冷間加工後に,自然時効		

例えば,溶体化処理後,十分な安定状態まで自然時効硬化させることを T4 処理,溶体化処理後に人工時効硬化処理することを T6 処理,溶体化処理後に冷間加工を行い,さらに人工時効を行う処理を T8 処理という。なお,この調質記号はマグネシウム合金にも用いられる。

10.3 銅および銅合金

銅とその合金は,有史以前 10 000 年ほど前から人類に利用されてきた最古の金属の一つである。銅は fcc 構造をもち,融点は 1 084.87 ℃ であり,その密度は約 $8.9\,\mathrm{Mg/m^3}$ 程度である。

一般的に金属は純金属として用いられるよりも合金として性質を改良した状態で工業的に使用されるものがほとんどであるが,銅は純金属の状態で多量に用いられる数少ない金属といえる。それは,電気伝導度(導電率)や熱伝導率など,銅の優れた特性に起因する。**表 10.2** に他の一般的な金属との電気・熱伝導度の比較を示す。また,**図 10.22** に示すように,すべての不純物元素の存在は銅の電気伝導度を低下させることが知られている。本節では,銅とその合金についての基礎的な知見を述べる。

表10.2 銅と一般的な金属の導電率・熱伝導度の比較

	比抵抗 (293 K) [Ωm]	熱伝導度 [W/m·K]	相対導電率 [%]	相対熱伝導度 [%]
Ag	1.63×10^{-8}	419	104	106
Cu	1.69×10^{-8}	397	100	100
Au	2.20×10^{-8}	316	77	80
Al	2.67×10^{-8}	238	63	60
Mg	4.20×10^{-8}	155	40	39
Zn	5.96×10^{-8}	120	28	30
Ni	6.90×10^{-8}	89	24	22
α-Fe	10.10×10^{-8}	78	17	20
Pt	10.58×10^{-8}	73	16	18
Sn	12.60×10^{-8}	73	13	18
Pb	20.60×10^{-8}	35	8.2	8.8
Ti	54.00×10^{-8}	22	3.1	5.5

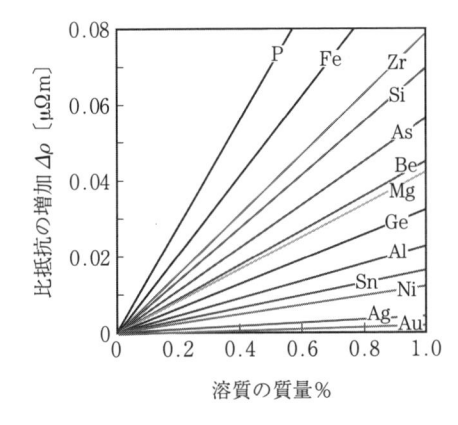

図10.22 銅の電気伝導度に及ぼす不純物原子の影響

10.3.1 工業的純銅

工業的純銅の一つである**タフピッチ銅**（tough-pitch copper）とは，酸素（O）を 0.02～0.05％ほど含んだ銅合金である。銅への酸素の固溶度は非常に小さく，そのためタフピッチ銅中に含まれる酸素は Cu_2O という形で存在する。このようにタフピッチ銅は少量の Cu_2O を含んでいるが，電気伝導度は高く，展延性など機械的性質も良好である。しかし，タフピッチ銅は水素を含む雰囲気中で高温下にさらされると，水素が銅中に拡散し，Cu_2O の還元により H_2O が生成し，いわゆる**水素脆化**（hydrogen embrittlement）を引き起こしてしまう。

高伝導度性や耐水素脆性が必要な場合には，タフピッチ銅ではなく，**無酸素銅**（oxygen-free high conductivity copper, OFHC copper）が用いられる。無酸素銅中の酸素量は 0.001％以下であり，水素脆性はまったく起こらない。また，タフピッチ銅よりも展延性，耐疲労特性にも優れている。

10.3.2 黄　　　銅

銅と亜鉛（Zn）を主成分とした銅合金はその見た目の色彩から**黄銅**（brass）または真鍮と呼ばれる。金管楽器を主体として編成されたブラスバンドのトランペットなどの色を想像してほしい。金管楽器の主材料は黄銅（ブラス）である。黄銅は流動性がよく，鋳造用としてもよく使用され，また一般機械部品，装飾品，配水用建築用金物としても用途が広い。

図 10.23 に Cu-Zn 合金 2 元系状態図を示す。39％Zn まで fcc 構造の α 固溶体を形成し，純金属と区別するため，状態図では固溶体を（Cu）と表記する。Zn 原子の固溶は価数を減少させる。そのため，Zn 濃度が上昇すると，bcc 構造をもつ β 相が現れる。

銅への Zn 添加は，積層欠陥エネルギーを低下させることが知られている。

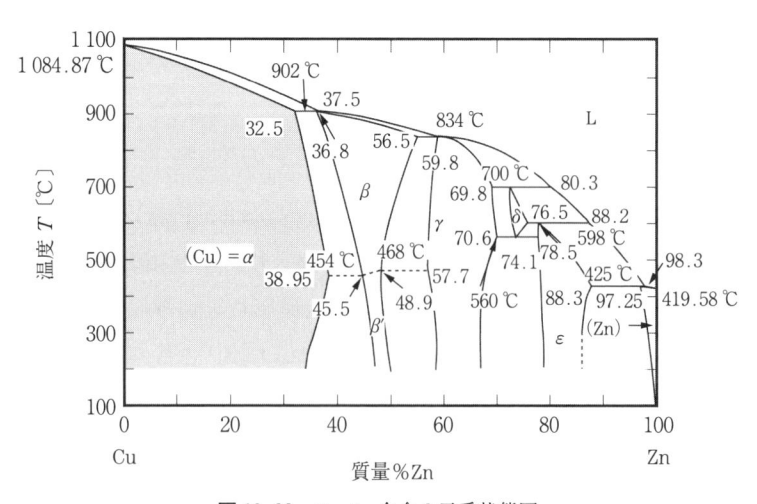

図 10.23　Cu-Zn 合金 2 元系状態図

これは8.1.2節で学んだように，加工硬化率を上昇させる。真応力－真ひずみ曲線の上で，塑性変形開始からくびれが生じるまでの部分の曲線は，近似的につぎのように表される。

$$\sigma_T = K\varepsilon_T^n \tag{10.8}$$

ここで K は定数で，**強度係数**（strength coefficient），n も定数で**加工硬化係数**（strain hardening coefficient），または ***n* 値**（n-value）と呼ばれる。純銅の n 値は約 0.4 であるが，Cu-35％Zn 合金（65/35 黄銅）では約 0.6 まで上昇する。このような大きな加工硬化は引張強さの増加をもたらす。また，積層欠陥エネルギーの低下は焼鈍双晶の量も増加させる。Zn は銅よりも安価なために，経済的な理由からも高 Zn 含有合金が利用されている。

10.3.3 青　　　銅

青銅（bronze）という言葉はもともと銅とスズ（Sn）を主とする合金の名称であるが，この青銅という名称はそれ以外の銅合金にも使用されることが多い。例えば**アルミニウム青銅**（aluminum bronze）や**シリコン青銅**（silicon bronze），リン青銅（phosphor bronze）などがある。

Sn は銅に対して有効な固溶強化元素であるが，8％以上の Sn を含む青銅は冷間加工時に脆性的に破壊し，加工性が悪い。しかしながら，20％以上の Sn を含む合金でもバルブ，ポンプやパイプ継ぎ手用途の鋳造用材料として広く用いられている。お寺の鐘なども 5～10％程度の Sn を含んだ青銅で鋳造されている。また高 Sn 含有青銅は耐摩耗性に優れるために，ジャーナルベアリングなどにも使用されている。

Cu-Al 合金（アルミニウム青銅）は外観は青銅と似ているが，性質は黄銅とよく似ており，さらに高温での耐酸化性に優れるという特徴をもつ。これは合金表面にアルミニウム酸化膜が付着していることによる。1～4％のケイ素（シリコン，Si）を含むシリコン青銅も鋳造用途に広く利用されている。**図 10.24** に Cu-Al 合金 2 元系状態図を示す。

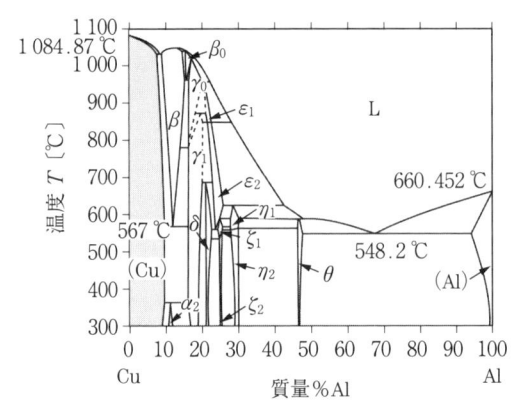

図10.24 Cu-Al合金2元系状態図

10.3.4　Cu-Ni合金

銅とニッケル（Ni）は全組成に渡って固溶体を形成し，いわゆる全率固溶体型の状態図を示す（図6.4参照）。銅にNiが添加されると，銅の特徴的な赤銅色が失われ，白味をおびる。Niの添加量が約20%を超えると，完全に銀白色となり白銅，または**キュプロニッケル**（cupronickel）と呼ばれる。Cu-Ni合金は耐食性に優れ，比較的高温での使用にも耐えるため，熱交換器や貨幣に使われている。また，特に海水に対する耐食性が強いため，船舶関連の部品にもよく使用される。100円硬貨や50円硬貨は25%Ni程度の白銅である。Cu-Ni合金へZnを添加した合金は**洋白**（nickel silver），あるいは**洋銀**（german silver）と呼ばれ，色調が美しく，展延性，耐食性に優れるため，食器やファスナー，装飾品，建築物に用いられるほか，楽器や500円硬貨などにも使用されている。

10.3.5　析出硬化型銅合金

銅合金でも時効硬化を期待できる合金は多い。過飽和固溶体から微細な第2相を析出させることにより合金の強度を増加させる。同時に，固溶元素濃度低下により母相の電気伝導度も向上させることができる。析出硬化型銅合金は，

常温または高温における強度およびばね性などの機械的性質，加えて電気伝導度を要求される材料として使用されている。析出硬化型の銅合金としては，Cu-Be，Cu-Ti，Cu-Cr，Cu-Fe，Cu-Ni-Si 合金などがあげられる。

1～2.5％程度の Be を含む Cu-Be 合金は代表的な析出硬化型の銅合金であり，銅合金中で最も高い強度をもつ。Cu-Be 合金 2 元系状態図の Cu 側を**図 10.25** に示す。Cu-Be 合金の析出過程は 10.2.3 項で学んだ Al-Cu 合金とよく似ており，過飽和固溶体→ G.P. ゾーン→ γ'' 準安定相→ γ' 準安定相→ γ 安定相という析出過程をとることが広く認められている。安定相である γ 相は CuBe 金属間化合物であり，10.7 節で説明する B2 構造をとる。Cu-Be 系合金は時効処理により引張強さは 1 300 MPa 以上にも達する。これは構造用鋼の強度に匹敵する。

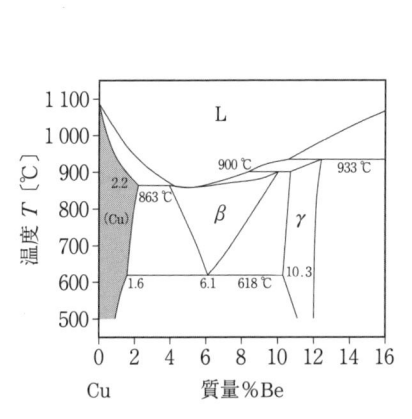

図 10.25 Cu-Be 合金 2 元系状態図の Cu 側部分

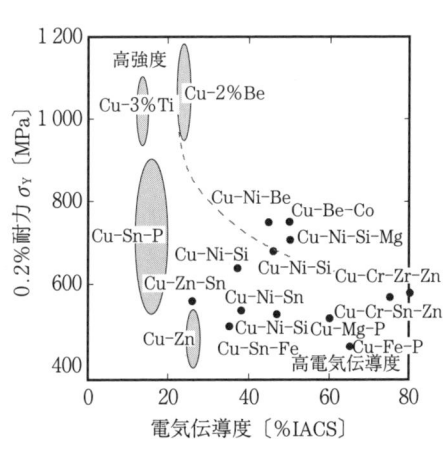

図 10.26 各種銅合金の 0.2％耐力と電気伝導度の関係（ただし，IACS は純銅を基準とした場合の電気伝導度）

しかし，Be は高価なことに加え，その酸化物は人体への毒性も高いため，最近ではその使用が敬遠される傾向にあり，代替合金の開発が進められている。代替合金としては，Cu-Be 合金の Be 添加量を減らし Ni を添加した Cu-Ni-Be 系合金や，コルソン合金と呼ばれる Cu-Ni-Si 系合金などが期待されている。

図 10.26 に各種銅合金の 0.2%耐力と電気伝導度の関係を示す。図からわかるように，強度と電気伝導度にはトレードオフ（二律背反）の関係があり，部材として必要とされる強度/電気伝導度バランスを考慮して各種合金が選定・使用されている。

10.4　チタンおよびチタン合金

チタン（Ti）の融点は 1 688 ℃であり，885 ℃に同素変態（高温相は bcc 構造の β 相，低温相は hcp 構造の α 相）がある。密度は 4.54 Mg/m^3 であり，酸性，中性溶液中では表面に薄い保護酸化皮膜を形成するため，優れた耐食性を有し，また，各種塩類を含む水溶液やガスとはほとんど反応しない。耐海水性に優れるという特長を生かし，化学装置用のタンク，弁，配管など耐食性材料としての利用がある。

10.4.1　α 型チタン合金

Al，O，C，N を Ti に添加すると hcp 構造である α 相が安定化される。中でも工業的には Al が重要である。図 10.27 に Ti-Al 合金 2 元系状態図を示す。

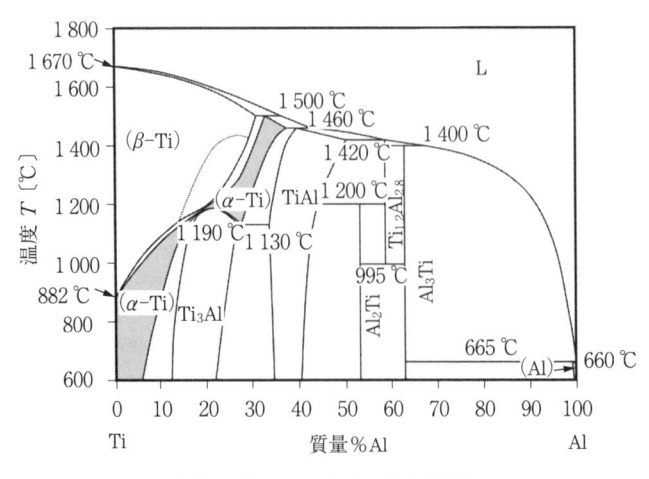

図 10.27　Ti-Al 合金 2 元系状態図

代表的な α 型のチタン合金として，Ti-5Al-2.5Sn[†]がある。この合金は，耐熱性，低温特性に優れるため，ロケット用液体燃料タンクなどに用いられている。

10.4.2 β型チタン合金

チタンに多量の合金元素を添加することにより，室温でも結晶構造を bcc 構造に変化させることが可能であり，この合金が β 型チタン合金である。β 安定化元素として，V, Mo, Nb および Ta などがあり，この中で，特に V が重要である。**図 10.28** に Ti-V 合金 2 元系状態図を示す。Ti-15V-3Cr-3Sn-3Al が β 型チタン合金の代表例であり，冷間加工が可能，低ヤング率であるという特徴を有する。ばね，自転車ギア，ゴルフクラブヘッドおよび釣り具などに使用されている。

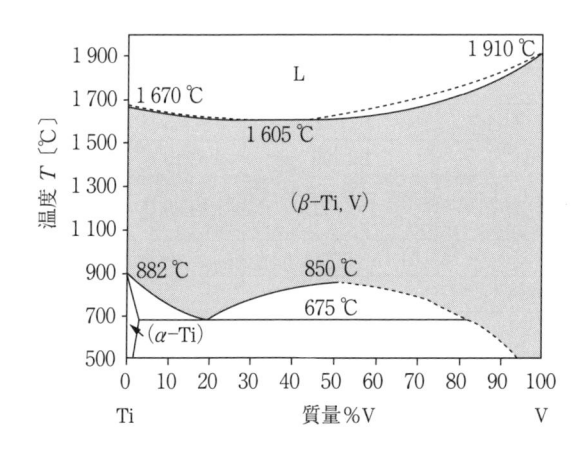

図 10.28 Ti-V 合金 2 元系状態図

10.4.3 α+β型チタン合金

最も多く利用されている Ti 合金であり，β 相領域で，工業的には α+β 相領域で溶体化処理し，急冷後 400〜600 ℃で時効熱処理することにより，大量の α 相を微細析出させた析出強化型合金である。α 型合金よりも高い強度をもつ。代表的な α+β 型合金として Ti-6Al-4V 合金がある。熱処理を施したこの合金の引張強さは 1 200 MPa にもなる。低温での靱性も高く，加工性，溶接性

[†] チタン合金では質量%表記の組成をそのまま合金表記に使うケースが多いことから本書でもこれを踏襲する。

もよいため,加工材,鋳造材として最も汎用性が高い。蒸気タービン翼,航空機タービン部品,船舶用スクリュー,クライオスタット容器,人工関節,自動車部品,ゴルフヘッド・シャフトなど広く使用されている。

10.4.4 形状記憶合金

形状記憶合金(shape memory alloy)とは,任意の形に変形した後,加熱すると元の形状に戻る**形状記憶効果**(shape memory effect)を示す合金である。この合金の中には,**超弾性**(super-elasticity)を示すものもある。形状記憶合金には多くの種類があるが,その代表的なものを**表10.3**に示す。この中で,現在実用化されている形状記憶合金のほとんどは Ti-Ni 系合金である。

表10.3 代表的な形状記憶合金

合金	組成	結晶構造変化	ヒステリシス	規則性
Au-Cd	46.5〜50モル%Cd	B2/2H	約15℃	規則
Cu-Zn	38.5〜41.5モル%Zn	B2/9R	約10℃	規則
Cu-Al-Ni	約14〜14.5質量%Al, 3〜4.5質量%Ni	$DO_3/2H$	約35℃	規則
Fe-Pt	約25モル%Pt	$L1_2$(fcc)/$L6_0$(fct)	小	規則
Fe-Mn-Si	30質量%Mn, 6質量%Si	fcc/hcp	大	不規則
Mn-Cu	5〜35モル%Cu	fcc/fct	約25℃	不規則
Ni-Al	36〜38モル%Al	B2/3R	約10℃	規則
Ni-Mn-Ga	約25モル%Mn, 約25モル%Ga	$L2_1/L1_0$	約30℃	規則
Ni-Ti	49〜51モル%Ni	B2/B19'	約30℃	規則

Ti-Ni 系合金において形状記憶効果および超弾性の生じる機構を**図10.29**に示す。通常の金属の場合,図(a)に示すように塑性変形は転位運動によるものであり,応力除荷を行うと永久ひずみが残る。これに対し,形状記憶効果とは,図(b)の応力-ひずみ曲線に示すように,マルテンサイト変態の逆変態開始温度(A_s点)以下の温度で変形しても,その後,逆変態終了温度(A_f点)以上の温度まで加熱することにより逆変態がおこり,ひずみが回復し元の形状に戻る現象である。応力誘起マルテンサイト変態と熱弾性マルテンサイト相の変形(マルテンサイト相内の双晶界面の移動やマルテンサイト界面の移動)は

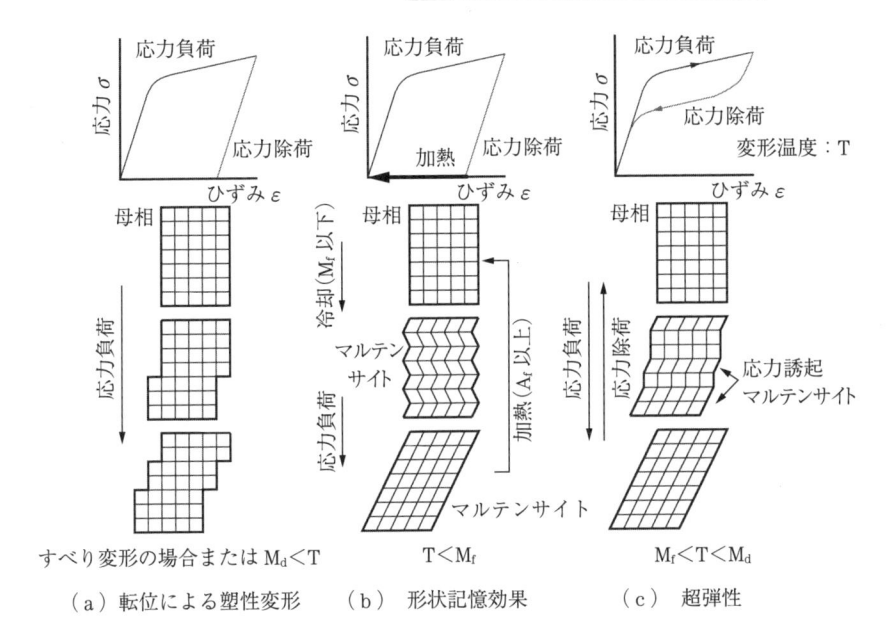

図10.29 形状記憶効果および超弾性の生じる機構（M_f 点および M_d 点はマルテンサイト変態終了温度および加工によりマルテンサイト変態が生じる温度である）

　可逆的な変形であり，このような様式で変形した試料は A_f 点以上に加熱されるとマルテンサイトは逆変態して母相に戻るが，この際，熱弾性マルテンサイトでは逆変態が結晶学的に可逆的におこるため，試料全体が元の形に戻る。この熱弾性マルテンサイト変態をおこす合金を A_f 点以上の温度で変形すると，図（c）に示すように，応力負荷時のひずみが除荷時に元にもどり，応力－ひずみ曲線はループ型を示す超弾性を生じる。応力負荷時の応力誘起マルテンサイトと除荷時の逆変態によって生じる現象である。A_f 点以上の温度で変形しているため，応力によって生成したマルテンサイトは無応力下では安定に存在し得ないため，除荷時に逆変態する。

　形状記憶効果の応用としてパイプ継手，温度センサとアクチュエータを兼ね備えた温度感応型アクチュエータ，ロボットやマイクロマシンのアクチュエータなどがある。超弾性を利用した応用例としては，眼鏡のフレーム，女性用下着（ブラジャー）用の芯金，医用分野などがある。

10.4.5 生体材料

生体組織や器官のもつ構造や機能が欠損したとき，一時的あるいは長期的に人工物を用いてその構造や機能の修復をはかることがある。そのような用途に用いられる材料を**生体材料**（biomaterial）と呼ぶ。生体材料に求められる性質として，構造用材料として必要な力学的性質のほか，生体環境中での耐食性，生体適合性，細胞毒性，アレルギーなどのように，生体の生理的現象に関与する化学的性質がある。さらに，機能性材料としての特殊な物理的特性（形状記憶効果，超弾性特性など）も求められる。金属材料は優れた機械的特性と耐久性から，多くの医療用デバイスに使用されている。金属系インプラント表面の特性は，生体反応，腐食に伴うイオン溶出，摩耗粉の生成など，材料の化学的・物理的反応，表面欠陥形成に伴う金属材料のバルクとしての機械的特性の劣化および審美性などと密接に関連している。

人工骨のように，生体材料として使用する部位によっては，ヤング率を下げて生体のそれに近づける必要がある。β型チタン合金は，純 Ti や $\alpha+\beta$ 型チタン合金（～100 GPa）に比べてヤング率が低いこと（～60 GPa）が特徴であり，その値が骨のヤング率（～20 GPa）に近い。このことから，β 型 Ti 合金はボーンプレートや人工股関節などの骨の代替器具に使用される新たな生体用金属材料として注目されている。Ti-6Al-4Nb は Ti-6Al-4V の毒性元素である V（バナジウム）を同等の β 安定型元素であるニオブに置換したものである。

10.5　マグネシウムおよびマグネシウム合金

マグネシウムの融点は 650 ℃ であり，hcp 構造をとる。密度は $1.74\,\mathrm{Mg/m^3}$ であり，アルミニウムの約 2/3，鉄の約 1/4 と構造用金属材料の中で最も小さい。この密度の小ささがマグネシウム合金の最大の魅力であり，自動車など輸送機器への適用が拡大している。また，半溶融鋳造プロセスが開発されたことにより，ノート型 PC やカメラ，携帯電話などにも利用されるようになっている。

10.5.1 マグネシウム合金

マグネシウムは通常，アルミニウムや亜鉛と合金化される。Mg-Al合金および Mg-Zn合金 2 元系状態図をそれぞれ**図 10.30** および**図 10.31** に示す。両合金とも，300℃以上においてかなり大きな固溶限をもち，析出硬化能を有することがわかる。他の合金元素としてはマンガン（Mn），ジルコニウム（Zr），カルシウム（Ca）や希土類元素などがあげられる。

マグネシウム合金を表す記号では，二つのアルファベットを用いて，主要な合金元素を表し，それに続く 2 桁の数字でその主要合金元素の配合量が表される。**表 10.4** に合金元素とその文字を示す。例えば，AZ63 の場合には 6％Al，

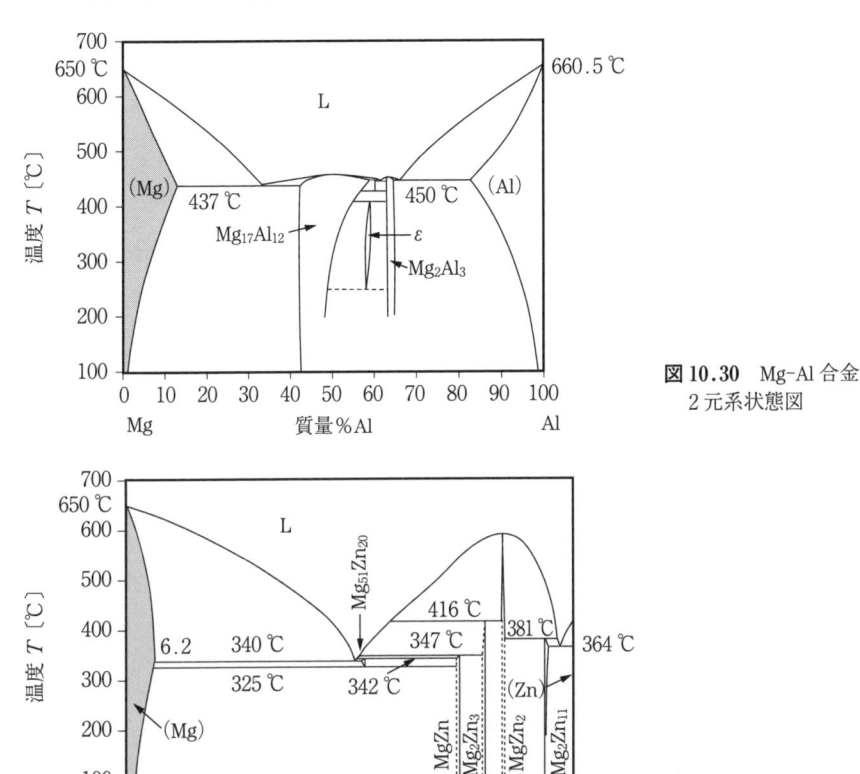

図 10.30 Mg-Al 合金 2 元系状態図

図 10.31 Mg-Zn 合金 2 元系状態図

表10.4 マグネシウムへのおもな合金添加元素とそれを表す記号

記号	英語表記	元素名
A	Aluminum	アルミニウム
E	rare Earth elements	希土類元素
K	zirKonium（独語）	ジルコニウム
M	Manganese	マンガン
Z	Zinc	亜鉛
C	Copper	銅
F	iron（Ferrous）	鉄
N	Nickel	ニッケル
Q	silver（Quick silver）	銀
R	chRomium	クロム
T	Tin	スズ
Y	Yttrium	イットリウム

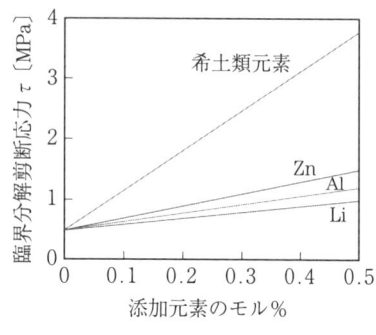

図10.32 Mgの固溶強化に及ぼす添加元素量の影響

3%Znを意味する。

Alや亜鉛（Zn）のマグネシウムへの固溶は固溶強化をもたらす。これらよりもずっと固溶限が小さいにもかかわらず，図10.32に示すように，希土類元素による固溶強化量は大きい。希土類元素は**ミッシュメタル**（mischmetal）として添加される。ミッシュメタルとは複数の希土類元素が含まれた合金で，その主成分はセリウム（Ce）である。希土類元素の添加により時効硬化性が付与できる。Mnの添加は耐食性を向上させる。Siの添加は流動性をあげ鋳造性を，Yの添加はクリープ強度を向上させる。スズ（Sn）の添加は延性を改善し，Caの添加は耐食性，耐クリープ特性を改善する。ZnとZrあるいはZnと希土類元素の複合添加により，大きな時効硬化性が得られる。Zrの添加は鋳造時の結晶粒を微細化させる効果が高い。リチウム（Li）の添加は密度をさらに低下させることができ，11%以上のLi添加により結晶構造がbccとなる。

10.5.2 鋳造用マグネシウム合金

マグネシウム合金は鋳造用と展伸用に分けられる。鋳造用マグネシウム合金にはMg-Zn系合金のZK51AおよびZK61Aがある。ZK51系はZnを5%，Zrを1%含む合金であり，Znの添加により耐食性を向上させている。Mg-Zn系

合金はZnの固溶硬化とMgZnの中間相の析出硬化により強さが増している。さらに機械的性質を向上させるため，Zr添加により結晶粒微細化を図っている。ZK61はZnを6%，Zrを1%含む合金であり，実用鋳造用マグネシウム合金で最大の比強度をもつ合金の一つである。常温での強度と靱性に優れた高力合金である。

10.5.3　展伸用マグネシウム合金

マグネシウム合金は塑性加工性が劣るため，展伸材の利用は鋳造材に比べ少ない。Mg-Al-Zn系合金の例として，AZ31系合金がある。これは，Alを3%，Znを1%含有したもので，固溶硬化と加工硬化で強化して，板，管，棒，形材として最も多く使用されている。この合金は成形性，溶接性にも優れるという特長を有する。

ZK60系合金は，Mg-Zn-Zr系合金であり，Znを約6%，Zrを1%未満含有する。Zrの微量添加により結晶粒が微細化され，熱間加工性が向上している。熱処理により耐力が向上するので，耐力/比重の比強度が大きいのが特長である。

10.6　アモルファスおよび準結晶

10.6.1　アモルファス状態

原子（または分子）が，規則正しい空間的配置をもつ結晶をつくらずに集合した固体状態を**非晶質状態**，あるいは**アモルファス状態**（amorphous state）という。例としてゴムやガラスなどがある。**図10.33**に結晶物質とアモルファス状態の物質の模式図を示す。

金属元素を主成分としても，結晶性をもたないガラスのような固体となることがあり，これを**アモルファス金属**（amorphous metal）あるいは**金属ガラス**（metallic glass）という。固体の金属や合金は，熱力学的には結晶として通常存在する。しかし，熱力学的に準安定状態を固定できる特殊な製法方法によっ

（a）結晶物質の模式図　　（b）アモルファス状態の
　　　　　　　　　　　　　　　物質の模式図

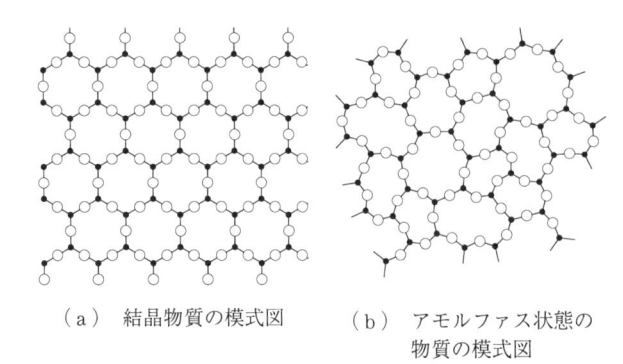

図 10.33　結晶物質とアモルファス状態の物質の模式図

て，アモルファス金属が多数得られている。

　アモルファス金属は，結晶状態に特有な原子配列がない。すなわち，原子配列がランダムで粒界や転位などの結晶欠陥をもたない。そのため，等方的かつ均質であり，従来の金属にない高靱性，高耐食性，優れた磁気特性などをもつ。しかし，高温では結晶化がおこるため，熱安定性に劣り，溶接加工ができないなどの欠点がある。

10.6.2　アモルファス金属の製造方法

　代表的なアモルファス金属の製造方法として，**液体急冷法**（melt-quenching）がある。この製造方法は液相凍結法または超急冷法ともいわれ，加熱溶融状態にある合金を融点以上の温度からガラス転移温度以下にまで，結晶化速度よりも速く急冷する（10^4 ℃/s 以上）。これにより，液相のランダムな原子配列がそのまま固定され，非晶質の固体が得られる。**図 10.34** に，融体を通常に凝固させた場合と，急速冷却してアモルファス金属を製造した場合の体積変化の模式図を示す。製造装置の一例として単ロール法があり，それを**図 10.35** に示す。

　この他，**メカニカルアロイ**（mechanical alloying，MA）法や**スパッタリング**（sputtering）法によっても得られる。後者は，イオンの衝突による金属表面からの原子の飛散を利用して，付近の物体面に金属を付着させる手法である。

10.6 アモルファスおよび準結晶　　207

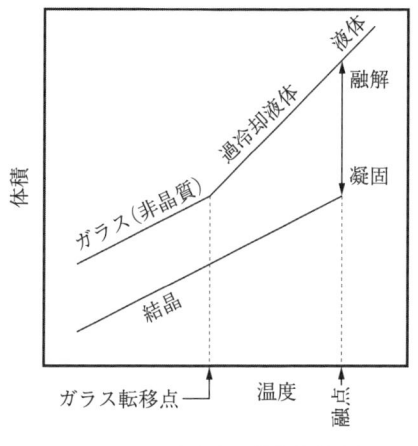

図 10.34　温度変化に伴う体積変化

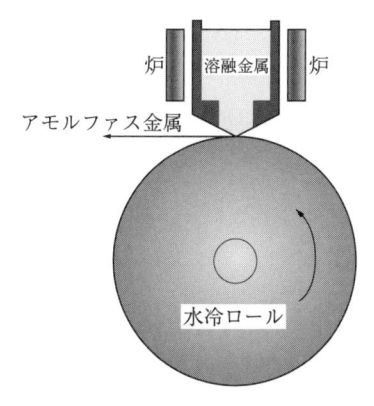

図 10.35　単ロール法によるアモルファス金属の製造

10.6.3　準　結　晶

　結晶は並進対称性をもつことから，その回折像は1回，2回，3回，4回あるいは6回のいずれかの回転対称性を示す．これに対して5回，10回などの異なった回転対称性を示す状態があり，その物質を**準結晶**（quasicrystal）という．Al-Mn合金系において融液からの急冷によって生成される準安定構造として発見された．

　準結晶は，結晶を定義づける並進対称性はもたないが，原子配列に高い秩序性を有し，結晶ともアモルファスとも異なる状態にある．並進対称性（周期性）をもたないが高い秩序性が存在する構造として，1次元における**フィボナッチ**（Fibonacci）**数列**や2次元において2種類のタイルを配列した**ペンローズタイル**（Penrose tile）があり，それぞれを**図 10.36** および**図 10.37** に示す．

　準結晶は異常に高い電気抵抗を有するという特徴がある．例えばAl-Cu-Fe準結晶の電気抵抗は単体金属の10万倍である．また，温度が低くなると抵抗が上昇するという電気抵抗の逆温度依存性がある．バルクとしての準結晶はその非周期性のため，へき開面を形成しづらく，このため比較的硬くて強靱である．

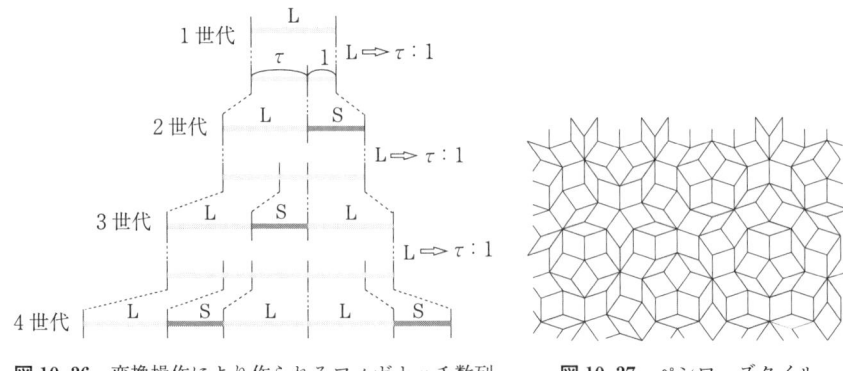

図 10.36　変換操作により作られるフィボナッチ数列　　図 10.37　ペンローズタイル

10.7　金属間化合物

金属間化合物（intermetallic compound）は，主として複数の金属元素（半金属元素も含む）が規則的に原子配列する規則合金のことである。金属原子どうしは主として金属結合をしていると考えられているが，イオン結合および共有結合の要素も含んでいる。基本的な結晶構造が純金属における面心立方格子（fcc），体心立方格子（bcc），六方最密格子（hcp）などである場合と，それらとは原子位置が対応しない構造である場合とに分けられる。図 10.38 に，それらの典型的な例を示す。規則構造を表記する方法としては，代表的な化合物名で表す場合や結晶構造をある規則で分類した手法などがあり，例えば図（a）に示した構造は Cu_3Au 型あるいは $L1_2$ 型と表記される。

水素や炭素，窒素が構成原子として入っている化合物も金属間化合物に分類する場合がある。これらは純金属や合金における侵入位置に入ることが多い。それぞれの異種原子が占める場所をサイトと呼ぶ。異種原子が規則的に配列することにより，基本構造が同じでも異種原子が区別なく配列している場合と比べて結晶の対称性が低下し，力学的・物理的な特性に大きな異方性が生じる。これが機能性の源となっていると同時に，変形のためのすべり系の数の減少，脆化に繋がる。

(a) L1$_2$ 構造　　(b) B2 構造

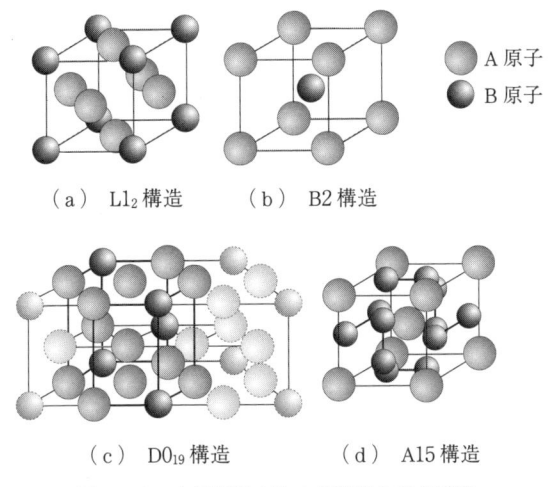

○ A 原子
● B 原子

(c) D0$_{19}$ 構造　　(d) A15 構造

図 10.38　金属間化合物の典型的な結晶構造

10.7.1 金属間化合物の化学量論的組成

異種原子間の結合が強いために高い生成熱をもち，そのため，構成元素の純物質よりも融点が上昇する例が多数ある (Ni および Al と NiAl など)。このように，純物質からの反応において大きな熱が発生することがあり，これを利用したプロセスとして**反応焼結** (reaction sintering) がある。

異なる原子が入るサイトへの置換が困難となり，原子の移動が抑制されることから体拡散速度が低い場合があり，金属間化合物の高温材料としての応用を支えている。金属間化合物を主体とする合金が構造材料として使われる例としては TiAl 系合金があり，また析出強化相としては長年使用されてきている。

一般に，結晶構造によって決まる占有位置の数の比から求められる金属間化合物の組成を**化学量論的組成** (stoichiometric composition) という。図 10.39 に金属間化合物を形成する典型的な状態図を示す。図 (a) の場合，金属間化合物は化学量論的組成をもつが，図 (b) に現れる金属間化合物は化学量論的組成からずれた組成を許し，組成幅をもつ。この場合の「余分な」原子の位置はいくつかの取り方があり得る。いずれも完全な規則状態から「ずれた」欠陥構造ととらえる。「余分な」原子が，不足する原子位置に入る欠陥を**反構造型**

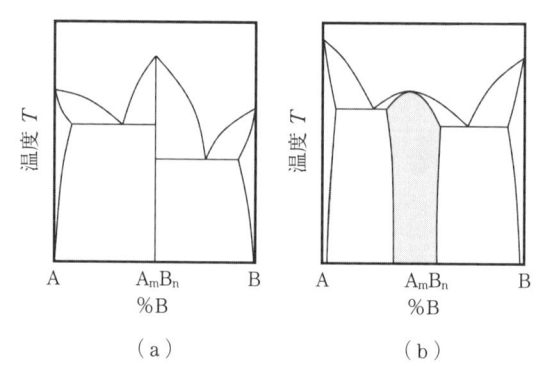

図 10.39 金属間化合物を形成する典型的な状態図

欠陥（anti-structure defect）という。これに対し，不足する原子サイトに空孔が入り，異種原子が入らないようにする**空孔型欠陥**（structure defect）が知られている。この場合，入った空孔を**構造空孔**（structural vacancy）と呼ぶ。

10.7.2　金属間化合物における転位

　fcc 構造，bcc 構造および hcp 構造を有する純金属における完全転位のバーガース・ベクトル b は格子の基本並進ベクトルと一致する。転位のエネルギーがバーガース・ベクトルの自乗に比例することから，小さいバーガース・ベクトルをもつ部分転位に分解し，その間に面欠陥構造をもつ場合がある（7.14節参照）。純金属あるいは合金ではこのような面欠陥は単なる積層欠陥にすぎないが，金属間化合物では異種原子の規則配列の乱れも同時に出現する場合があり，**複雑な積層欠陥**（complex stacking fault，CSF）と呼ばれ，これにより面欠陥エネルギーの増加が起きる。また，金属間化合物の基本並進ベクトルは同じ構造を基本とする金属・合金における完全転位のバーガース・ベクトルの整数倍である場合が多い。その場合，金属・合金における完全転位が運動すると規則配列の乱れが形成されることになり，複数の転位が一組となって**超転位**（superlattice dislocation）として基本並進ベクトルを満たすことが必要となる。その際，各転位間の面欠陥は逆位相境界と呼ばれる。このような複雑な欠陥構造の形成は転位の運動挙動を複雑にする。

以上の例として，図 10.40（a）に示す Ni_3Al を取り上げる．fcc 構造を基本とした規則構造であり，立方体の八隅は Al 原子で占められており，面心位置は Ni 原子が占めている．この構造において Ni と Al はそれぞれ Ni-Ni 原子対や Al-Al 原子対をなすより Ni-Al 原子対を形成したほうがエネルギー的に安定となっている．図（b）に (111) 面の原子配列を示す．逆位相境界の形成を妨げるように複数の転位が一組となって移動する超転位が形成され，これが強度の温度逆依存性などの金属間化合物に特有な物性をもたらす．

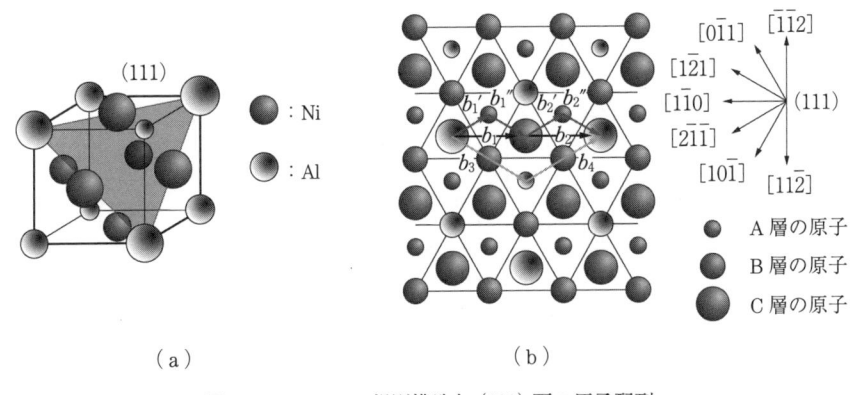

図 10.40 Ni_3Al の規則構造と (111) 面の原子配列

10.7.3 機能材料としての金属間化合物

Nb_3Ge，V_3Si および MgB_2 などの金属間化合物は極低温で**超伝導**（super conductivity）を示すことが知られている．酸化物系高温超伝導体には及ばないものの，純金属などと比べて高い**臨界温度**（critical temperature）T_c および**臨界磁界**（critical magnetic field）を示す．金属間化合物の場合，その臨界温度は最高でも 20 K 前後で，酸化物超電導物質よりは低い．

また，10.4.4 項で示した形状記憶合金も，金属間化合物であることが多い．さらに，GaAs などに代表されるいわゆる化合物半導体も金属間化合物に分類され，用途は広い．

10.8 複合材料

複合材料は母相の種類から,プラスチック基 (FRP),金属基 (MMC, FRM),セラミックス基 (FRC),ガラス基 (FRG),金属間化合物基 (IMC) および**炭素繊維強化炭素**(CC composite) などと分類できる。逆に強化相の形状からは,**連続繊維強化**(continuous fiber reinforced),**粒子強化**(particulate reinforced) および**短繊維強化**(discontinuous fiber reinforced) などと分類できる。**図 10.41** にこれらの模式図を示す。

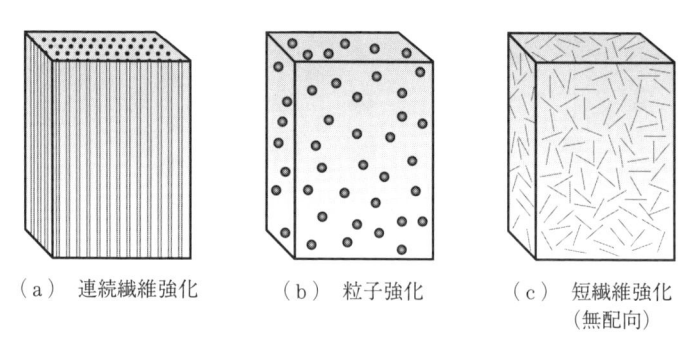

（a）連続繊維強化　（b）粒子強化　（c）短繊維強化（無配向）

図 10.41 強化相の形状による複合材料の分類

短繊維強化複合材料あるいは板状粒子強化複合材料の強度物性は強化相の向き,すなわち配向度によって変化する。強化相の配向度の評価方法として,以下に示す**ヘルマンの配向度**(Hermans' orientation parameter),f_p がある。

$$f_\mathrm{P} = [2\langle \cos^2\theta \rangle - 1] \qquad (10.9)$$

$$\langle \cos^2\theta \rangle = \int_{-\pi/2}^{\pi/2} \cos^2\theta n(\theta) d\theta \qquad (10.10)$$

図 10.42 に単繊維の配向とヘルマンの配向度との関係を示す。完全配向の場合,ヘルマンの配向度は 1.0 となり,無秩序の場合には 0.0 になる。

同様に,長繊維強化複合材料においては,長繊維方向の性質とそれに直交する方向とでは大きく性質が異なる。そのため,異方性をなくす努力がなされている。航空用材料などとしてよく用いられる構造として擬似等方積層がある。

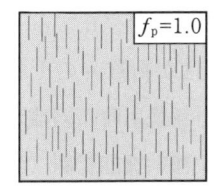

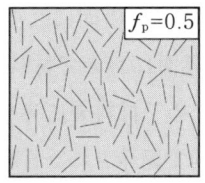

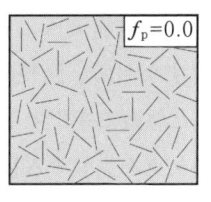

図10.42 単繊維の配向とヘルマンの配向度との関係

例えば，0°，±45°，90°の各層を1:2:1の比率で積層した(0°/±45°/90°)s積層材は，面内剛性が等方的になる。**図10.43**に擬似等方積層の例を示す。

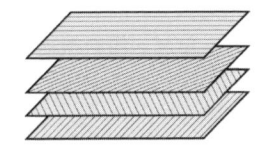

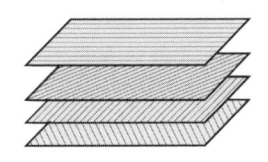

（a） (0°/45°/−45°/90°)s積層材　（b）　(0°/45°/90°/−45°)s積層材

図10.43 長繊維強化複合材料における擬似等方積層の例

強化材を分散させた複合材料では，**図10.44**（a）に示すように微視的には不均質であるが巨視的には均一組成となる。そのため，材料特性は微視的な視点からみると非均質であるものの，巨視的には均質とみなせる。これに対し，材料の表と裏とで与える性質を積極的に変えたタイプの複合材料が積層型複合材料（コーティング複合材料）であり，その模式図を図（b）に示す。しかし，

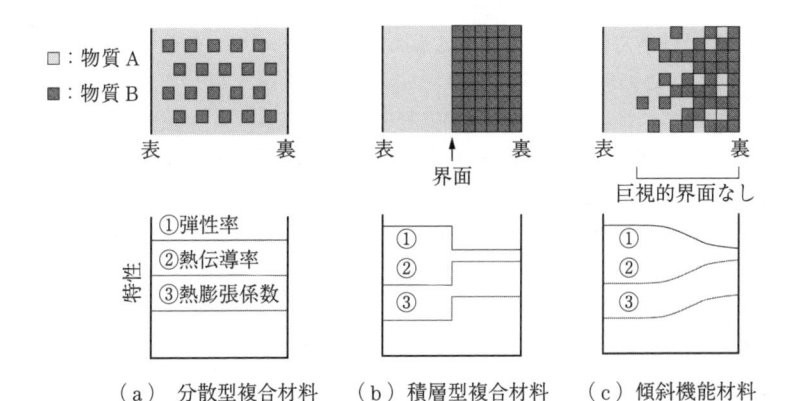

（a） 分散型複合材料　（b）積層型複合材料　（c）傾斜機能材料

図10.44 均一分散型および積層型複合材料と傾斜機能材料

この複合材料には物質Aと物質Bとの間に巨視的界面が存在するといった問題がある。すなわち、巨視的界面において材料特性が物質Aのそれから物質Bのそれへと急激に変化するため、材料製造時や材料使用時に剥離が生じてしまう。この欠点を克服する目的で開発された材料が**傾斜機能材料**（functionally graded materials, FGMs）であり、急激な特性変化をもたらす巨視的界面がない。図（c）に傾斜機能材料における断面模式図と特性変化を示す。材料特性が材料内で連続的に変化しており、いわゆる異相界面は存在しない。これにより、剥離の心配のない機能材料が得られるようになっている。航空宇宙、熱電材料、生体医療、工具、スポーツ、光ファイバーなど、傾斜機能材料の適用分野は広い。

◇ 演 習 問 題 ◇

10.1 Fe-C合金（鋼）において、オーステナイト相（γ相）には最大2.14％の炭素が固溶できるが、フェライト相（α相）には最大でも0.02％しか炭素が固溶しない。この原因について論ぜよ。

10.2 A_2はフェライト相の磁気変態を示す線である。この線が状態図上、水平線になっている理由を述べよ。

10.3 マルテンサイト変態とベイナイト変態の特徴と違いをまとめよ。

10.4 TTT曲線とCCT曲線の違いについて、図を用いて説明せよ。

10.5 鋼では焼入れにより硬化するものの、アルミニウム合金では焼入れ単独では硬化しない。この理由を説明せよ。

10.6 アルミニウム合金の時効析出過程をまとめよ。

10.7 TiおよびTi合金の特徴を述べ、どのような工業的利用がなされているかを議論せよ。

10.8 Ti合金はα型、β型、$\alpha+\beta$型合金に大別されるが、それぞれの合金の比較し得る特徴を書け。

10.9 金属間化合物の特徴を列記せよ。

10.10 複合材料を分類せよ。

参 考 文 献

本書に関連する参考図書を下記する。もちろん，これ以外にもたくさんの良書があることを，まえがきにて述べた。これらの参考図書を紐解くことにより，本書に関し，より深い理解がなされれば幸いである。

1) W. D. キャリスター 著，入戸野修 監訳：材料の科学と工学 [1] 材料の微細構造，培風館（2002）
2) W. D. キャリスター 著，入戸野修 監訳：材料の科学と工学 [2] 金属材料の力学的性質，培風館（2002）
3) W. D. キャリスター 著，入戸野修 監訳：材料の科学と工学 [3] 材料の物理的・化学的性質，培風館（2002）
4) W. D. キャリスター 著，入戸野修 監訳：材料の科学と工学 [4] 材料の構造・製法・設計，培風館（2002）
5) 矢島悦次郎，古沢浩一，小坂井孝生，市川理衛，宮崎亨，西野洋一：若い技術者のための機械・金属材料 第3版，丸善（2017）
6) 宮川大海，坂木庸晃：金属学概論，朝倉書店（1980）
7) 佐久間健人，井野博満：材料科学概論（マテリアル工学シリーズ），朝倉書店（2000）
8) 高木節雄，津崎兼彰：材料組織学（マテリアル工学シリーズ），朝倉書店（2000）
9) 加藤雅治，尾中晋，熊井真次：材料強度学（マテリアル工学シリーズ），朝倉書店（1999）
10) A. H. コットレル 著，木村宏 訳：コットレルの金属学〈上巻〉，〈下巻〉，アグネ（1969，1970）
11) 永田和宏，加藤雅治 編：解いてわかる材料工学Ⅰ：材料創製プロセス，丸善（1997）
12) 加藤雅治，永田和宏 編：解いてわかる材料工学Ⅱ：材料組織と強度，丸善（1997）
13) 幸田成康：金属物理学序論改訂版（標準金属工学講座），コロナ社（1973）
14) 横山亨：図解合金状態図読本，オーム社（1974）
15) 加藤雅治：入門転位論，裳華房（1999）
16) 砂田久吉：演習・材料試験入門（テクニカブックス），大河出版（1987）
17) 菊池實，牧正志，佐久間健人，須藤一，田村今男，田中良平：鉄鋼材料（講座現代の金属学材料編 4），日本金属会（1985）

索　引

【あ】

亜共晶	77
亜共析鋼	171
圧　痕	152
圧　子	152
アブレシブ摩耗	165
アモルファス金属	205
アモルファス状態	205
亜粒界	33
アルミナ	187
アルミニウム青銅	195
アレニウスプロット	48

【い】

イオン結合	11
異質核生成	68
移動エネルギー	46

【う】

ウルフネット	28

【え】

鋭敏化	183
液　相	57
液相線	71
液体急冷法	206
エロージョン	165
延性－脆性遷移温度	165
エンタルピー	62
エントロピー	59
エンブリオ	67
鉛　浴	181

【お】

黄　銅	194
応　力	91
応力指数	160
応力腐食割れ	183
応力誘起	174
オーステナイト	170
オーステナイト生成元素	180
オストワルド成長	140
オースフォーミング	179
オロワン機構	145
オロワンループ	145

【か】

介在物	36
回転対称性	14
回　復	131
界　面	33, 142
界面エネルギー	66, 141
化学量論的組成	40, 209
過共晶	79
過共析鋼	171
核	67
核形成	65, 132
──の活性化エネルギー	67
拡　散	42
拡散クリープ	160
拡散係数	44
核生成	65
カーケンドール効果	55
加工硬化	92, 124, 128
加工硬化係数	195
加工軟化	124
加工熱処理	179
加工誘起	174
過時効	139
荷　重	91
硬　さ	151
下部ベイナイト	178
過飽和固溶体	138
上降伏点	137
過　冷	68
カロライジング	186
完全転位	113

【き】

気　相	57
規則格子	40
規則－不規則変態	40
ギブスの自由エネルギー	62
ギブスの相律	65
逆位相境界	41, 143, 211
急　冷	138, 188, 206
キュプロニッケル	196
キュリー点	170, 186
鏡　映	34
共　晶	76

共晶温度	77
共晶合金	77
共晶点	77
共晶反応	77
共析温度	83
共析鋼	171
共析反応	82
凝着摩耗	165
強度係数	195
共有結合	12
巨大ひずみ加工	94, 134
亀　裂	36, 151
キンク	123
金属ガラス	205
金属間化合物	40, 208
金属結合	12

【く】

空間格子	13
空　孔	30
空孔型欠陥	210
空　洞	36
駆動力	62
くびれ	92
クラウディオン	31
グラファイト	169
繰返し押出し加工法	134
繰返し重ね圧延法	134
クリープ	158
クリープ曲線	158
クリープ試験	158
クリープ指数	160
グレニンガーチャート	28
クロマイジング	186

【け】

系	57
傾斜機能材料	214
形状記憶効果	174, 200
形状記憶合金	200
結合点	109
結晶	12
結晶学的方位関係	175
結晶系	13
結晶粒	33, 132
結晶粒界	32

索　引　217

原子移動の活性化エネルギー		46
原子核		11
原子の充塡率		17

【こ】

コアリング	87
高圧ねじり剪断変形法	134
恒温変態線図	177
合　金	37
交差すべり	107, 115
格子拡散	43
格子間原子	31
格子欠陥	30
硬質磁性材料	186
格子定数	12
格子点	12
公称応力	91
公称ひずみ	91
剛性率	91, 101
構造空孔	210
降　伏	92
降伏応力	92
黒　鉛	169
誤差関数	50
固　相	57
固相線	71
固　着	124
コットレル効果	124
コットレル雰囲気	123
固溶強化	135
固溶限	71
固溶体	37
混合転位	32, 105

【さ】

再結晶	125
サブゼロ処理	176
酸化アルミニウム	187
三　斜	14
三　方	14
残留オーステナイト	175

【し】

シェフラーの組織図	182
示強変数	58
時　効	138
時効硬化	139
四面体位置	37
下降伏点	138
斜　方	14

シャルピー衝撃試験	164
自由エネルギー	61
収　縮	115
自由電子	12
自由度	65
樹枝状晶	68
主すべり系	98
主すべり面	99
シュミット因子	97
シュミットの法則	98
準安定相	189
準結晶	207
ショア硬さ	153
小角粒界	33
衝撃試験	164
晶　出	71
上昇運動	118
焼　鈍	107, 131
上部ベイナイト	178
晶癖面	175
ジョグ	123
初　晶	77
初析セメンタイト	172
初析フェライト	172
ショットピーニング	184
シリコン青銅	195
示量変数	58
真応力	93
靱　性	164
浸　炭	184
振動数因子	47
侵入型固溶体	37
侵入型不純物原子	32
真ひずみ	93
深冷処理	176

【す】

水素脆化	193
鈴木効果	124
ステレオ投影図	28
ステンレス鋼	182
ストライエーション	155
スパッタリング	206
すべり系	96
すべり線	120
すべり変形	95
すべり方向	96
すべり面	96

【せ】

整　合	142

整合ひずみ	142
脆性破断	150
生体材料	202
成　長	66, 132
静的再結晶	125, 132
静電的引力	11
青　銅	195
成　分	57
正　方	14
析　出	71, 138
析出強化	138
積層欠陥	32, 114
積層欠陥エネルギー	115
セメンタイト	169
線欠陥	32
線張力	112
全率固溶型	72

【そ】

相	37, 57
双　晶	34, 174
双晶変形	100
増殖機構	120
組　成	57
塑性ひずみ	92
塑性変形	92
粗大化	140

【た】

対応格子点	34
体拡散	43
──の活性化エネルギー	47
大角粒界	33
耐久限	156
対称操作	13
体　心	14
体心正方格子	17
体心立方格子	14
耐熱鋼	183
多結晶	14, 132
多軸鍛造法	134
タフピッチ銅	193
単位格子	12
単位胞	12
炭化物	181
単結晶	14
単　斜	14
単　純	14
弾性変形	91
短繊維強化	212

炭素繊維強化炭素	212	

【ち】

置換型不純物原子	32
置換型固溶体	37
窒化	184
柱状晶	69
中性子	11
長距離応力場	110
超合金	184
超格子	40
調質	191
超弾性	200
超転位	210
超伝導	211
チル晶	68

【て】

定応力クリープ試験	158
定荷重クリープ試験	158
底心	14
てこの法則	71
デッドメタル	151
転位	32
――の堆積	133
転位芯拡散	43
転位双極子	120
転位密度	107
転位ループ	145
電気伝導度	187
点欠陥	30
電子	11
デンドライト	68

【と】

等温変態	181
等温変態線図	177
等軸晶	69
動的再結晶	125
特性X線	27
トライボロジー	165

【な】

軟質磁性材料	186

【に】

二重交差すべり	107

【ね】

熱活性化過程	47
熱処理	131, 138

熱弾性型	174
熱伝導度	187
熱分析	68
熱力学の第1法則	59
熱力学の第2法則	59
熱力学の第3法則	61
ネール点	186

【の】

濃度	57
伸び	91

【は】

胚	67
パイエルス応力	113
パイプ拡散	43
背面反射ラウエ法	28
配列のエントロピー	59
バウシンガ効果	130
バーガース回路	108
バーガース・ベクトル	108
刃状転位	32, 103
八面体位置	37
パテンティング	181
パーライト	172
パーライト変態	172
パーライト変態温度	172
反強磁性	186
反構造型欠陥	210
半整合	143
反応焼結	209

【ひ】

非晶質状態	205
ひずみ	91
ひずみ硬化	92
非整合	142
ビッカース硬さ試験	152
引張試験	90
引張強さ	93
非保存運動	118
比摩耗量	168
標準投影図	28
表面	32
表面拡散	43
疲労	153
疲労限	156
疲労寿命	155
疲労摩耗	165
ピン・オン・ディスク方式	167

【ふ】

ファン・デル・ワールス結合	12
フィックの第1法則	43
フィックの第2法則	44
フィボナッチ数列	207
フェライト	170
フェライト生成元素	180
複合材料	146
複雑な積層欠陥	210
不純物原子	31
腐食摩耗	165
普通ひずみ	91
フックの法則	91
部分転位	114
不変系	65
不変系反応	71
ブラッグの法則	27
ブラベー格子	14
フランク-リード源	122
フランク-リードの増殖機構	122
ブリネル硬さ	153
フレッティング摩耗	165
分解剪断応力	97

【へ】

平衡状態	61
ベイナイト	178
へき開面	150
べき乗則クリープ	160
ヘルマンの配向度	212
ヘルムホルツの自由エネルギー	62
変形機構領域図	163
偏析	87
変態	15
ペンローズタイル	207

【ほ】

包晶温度	83
包晶組成	83
包晶点	83
包晶反応	83
包析反応	86
ボーキサイト	187
保存運動	118
ホール-ペッチの関係	133

索　　引　　219

【ま】

摩　耗	165
マルエージ鋼	176
マルエージング鋼	176
マルテンサイト	173
マルテンサイト変態	173
マルテンサイト変態開始温度	173
マルテンサイト変態終了温度	175

【み】

ミッシュメタル	204
ミラー指数	20
ミラー-ブラベー指数	24

【む】

無拡散変態	173
無酸素銅	194

【め】

メカニカルアロイ	206
メカノケミカル	166
めっき	184
メムス	133
面間隔	23

面欠陥	32
面　心	14
面心立方格子	14

【や】

焼入れ	138, 173, 179
焼戻し	176
焼戻しマルテンサイト	176
ヤング率	91

【よ】

溶解度曲線	71
洋　銀	196
陽　子	11
溶質元素	32
溶　射	186
溶体化処理	138
溶媒原子	32
洋　白	196
余分な半原子面	103

【ら】

らせん転位	32, 104

【り】

立　方	14
粒　界	33

粒界エネルギー	35
粒界拡散	43
粒界破壊	151
粒子強化	212
流動応力	129
粒内破壊	151
リューダース帯	138
菱面体	14
臨界温度	211
臨界磁界	211
臨界分解剪断応力	98
林転位	122

【れ】

連続X線	27
連続繊維強化	212
連続冷却変態線図	176

【ろ】

ロックウェル硬さ	153
六　方	14
六方最密格子	14
ローマー-コットレルの不動転位	118
ローマーの不動転位	117

【A】

A_1 点	172
A_3 線	172

【C】

c/a 比	19
CCT線図	176
Cobleクリープ	161

【G】

G.P.ゾーン	189

【K】

Kurdjumov-Sachsの関係	175

【L】

LSW理論	141

【M】

MEMS	133
M_s 点	173

【N】

Nabarro-Herringクリープ	161
Nishiyama-Wassermannの関係	175
n 値	195

【S】

Shoji-Nishiyamaの関係	175

【T】

TRIP鋼	176
TTT線図	177

【X】

X線回折	26
X線ディフラクトメーター法	27

【数字】

0.2%耐力	92
1次再結晶	132
2元アブレシブ摩耗	166
2元系状態図	70
2次再結晶	132
3元アブレシブ摩耗	166

【その他】

Σ 値	34

―― 著者略歴 ――

渡辺　義見（わたなべ　よしみ）
1985 年　名古屋工業大学工学部金属工学科卒業
1990 年　東京工業大学大学院博士後期課程修了
　　　　（総合理工学研究科材料科学専攻），工学博士
1990 年　鹿児島大学助手
1992 年　北海道大学助手
1995 年　信州大学助教授
1997
～98 年　文部省在外研究員（カリフォルニア大学バークレー校）
2005 年　名古屋工業大学教授
　　　　現在に至る

三浦　博己（みうら　ひろみ）
1986 年　東京工業大学工学部金属工学科卒業
1989 年　東京工業大学大学院博士後期課程中退
　　　　（総合理工学研究科材料科学専攻）
1989 年　電気通信大学助手
1994 年　博士（工学）（東京工業大学）
1995 年　電気通信大学講師
1997 年　電気通信大学助教授
1997
～98 年　文部省在外研究員（アーヘン工科大）
2007 年　電気通信大学准教授
2014 年　豊橋技術科学大学教授
　　　　現在に至る

三浦　誠司（みうら　せいじ）
1985 年　東京工業大学工学部金属工学科卒業
1987 年　東京工業大学大学院修士課程修了
　　　　（総合理工学研究科材料科学専攻）
1987 年　東京工業大学精密工学研究所助手
1991 年　博士（工学）（東京工業大学）
1991
～92 年　オークリッジ国立研究所客員研究員
1997 年　北海道大学助教授
2007 年　北海道大学准教授
2013 年　北海道大学教授
　　　　現在に至る

渡邊　千尋（わたなべ　ちひろ）
1997 年　東京工業大学工学部金属工学科卒業
2002 年　東京工業大学大学院博士後期課程修了（総合理工学研究科物質科学創造専攻），博士（工学）
2002 年　金沢大学助手
2006 年　金沢大学講師
2008 年　金沢大学准教授
2015 年　金沢大学教授
　　　　現在に至る

図でよくわかる機械材料学
Introduction to Materials Science for Engineers
　　　　　　　　© Yoshimi Watanabe, Hiromi Miura, Seiji Miura, Chihiro Watanabe 2010

2010 年 2 月 22 日　初版第 1 刷発行
2020 年 9 月 25 日　初版第 12 刷発行

検印省略	著　者	渡　辺　　義　見
		三　浦　　博　己
		三　浦　　誠　司
		渡　邊　　千　尋
	発 行 者	株式会社　コ ロ ナ 社
	代 表 者	牛　来　真　也
	印 刷 所	萩原印刷株式会社
	製 本 所	有限会社　愛千製本所

112-0011　東京都文京区千石 4-46-10
発 行 所　株式会社　コ ロ ナ 社
CORONA PUBLISHING CO., LTD.
Tokyo Japan
振替 00140-8-14844・電話(03)3941-3131(代)
ホームページ https://www.coronasha.co.jp

ISBN 978-4-339-04605-2　C3053　Printed in Japan　　　　　　　　（河村）

〈出版者著作権管理機構　委託出版物〉
本書の無断複製は著作権法上での例外を除き禁じられています。複製される場合は，そのつど事前に，出版者著作権管理機構（電話 03-5244-5088，FAX 03-5244-5089，e-mail: info@jcopy.or.jp）の許諾を得てください。

本書のコピー，スキャン，デジタル化等の無断複製・転載は著作権法上での例外を除き禁じられています。購入者以外の第三者による本書の電子データ化及び電子書籍化は，いかなる場合も認めていません。
落丁・乱丁はお取替えいたします。